"十四五"职业教育国家规划教材

人机交互界面设计

RENJI JIAOHU JIEMIAN SHEJI

（第2版）

主　编　陶薇薇　张晓颖

副主编　石　磊　阚　洪　何正桃

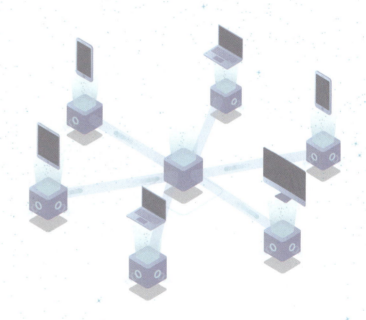

重庆大学出版社

内容提要

本书从人机交互界面的基础知识开始，介绍了如何进行网站的规划与设计，并运用网页设计软件 Photoshop CC，网页制作软件 Dreamweaver CC，JavaScript 网站特效使用实践展示。全书采用"理论+实践"的方式，展现网页设计与制作中的具体操作过程，主要介绍了很多实用的 HTML 5+CSS3 的网页制作技巧。本书从实例出发，将主要理论知识点落实到实例。

本书由浅入深，系统地介绍了网站设计与制作的全过程，可作为高等院校数字媒体技术专业、计算机多媒体专业、计算机专业及其他相关专业的教材或教学参考书。

图书在版编目(CIP)数据

人机交互界面设计 / 陶薇薇，张晓颖主编. -- 2 版
. -- 重庆：重庆大学出版社，2019.8(2024.8 重印)
ISBN 978-7-5624-9654-0

Ⅰ.①人… Ⅱ.①陶…②张… Ⅲ.①人机界面—程
序设计 Ⅳ.①TP311.1

中国版本图书馆 CIP 数据核字(2019)第 163234 号

人机交互界面设计

(第 2 版)

主 编 陶薇薇 张晓颖
副主编 石 磊 阚 洪 何正桃
责任编辑:杨粮菊 版式设计:杨粮菊
责任校对:张红梅 责任印制:张 策

*

重庆大学出版社出版发行
出版人:陈晓阳
社址:重庆市沙坪坝区大学城西路 21 号
邮编:401331
电话:(023) 88617190 88617185(中小学)
传真:(023) 88617186 88617166
网址:http://www.cqup.com.cn
邮箱:fxk@ cqup.com.cn (营销中心)
全国新华书店经销
重庆巍承印务有限公司印刷

*

开本:787mm×1092mm 1/16 印张:15.25 字数:354千
2016 年 2 月第 1 版 2019 年 8 月第 2 版 2024 年 8 月第 8 次印刷
印数:13 521—15 520
ISBN 978-7-5624-9654-0 定价:59.00 元

前 言

　　本书与国内外同类教材相比,在设计理念上有所创新,根据人机交互相关岗位从业人员所必须具备的综合职业能力要求,书中内容紧紧围绕行业标准和规范来制定,以"知技艺融合"为主要特色,以模块化的教材实践项目设计理念为指导,以"理论+实践"相结合为实现途径。

　　本书真正体现了融会贯通的理论知识,行业标准级的实践操作,符合学生的认知规律和专业技能的形成规律。

　　1.从"行业需求"的角度,将项目流程注入教材,体现了教材的实践应用性。互联网产业相关的行业特点,客观要求从业者既会数字技术又具有较高的艺术审美素养。教材"技艺融合"创新是依据我校应用型本科数字媒体技术专业"技艺融合"培养模式构建的,经检验,本书的创新教学方法普遍适用于学科领域的专业课程。

　　2.从基于"工作流程"的角度重组教材,由浅入深地融入基于工作流程的案例串联每个知识点,形成"行动领域—学习领域—学习情境"的设计路线,充分体现岗位内容与教学内容的有机结合。

　　3.从"理论+实践"的角度,将知识做进一步的细分,在四大模块的基础上划分出了50个精细的知识点配备对应的案例项目,以微视频的方式投入到教材配套课程平台上;并且配套了相应的练习理论题及实践微项目,同步设计了在线测验内容和作业。

4.从"知技艺融合"的角度构建教材,为本专业的其他课程教材建设提供坚实参考。对课程知识结构进行分类从而确定"艺术知识结构群""技术知识结构群""技艺融合知识结构群",这些知识结构群之间存在着一定的逻辑关系,融入红色基因。

本书共分为6章,以"理论+实践"为基础。第1章是人机交互界面的概述;第2章是人机界面的艺术设计,介绍了人机界面的设计思路、要素及原则等,还介绍了 Photoshop 在界面设计中的基本用法;第3章主要讲述 Web 的基础知识,同时介绍相关软件,使同学们了解使用软件进行网页设计与制作的便利与优势;第4章介绍如何利用软件进行网页设计与制作,其中的每个知识点和案例都讲解得很详细;第5章以扩展网页设计与制作相关知识为目的,讲述网页简单动态效果,同时认识及简单运用 JavaScript 脚本语言,为后面的学习打下坚实基础;第6章是习题与项目拓展。每章内容中还适时穿插问题板块,解决同学们在学习中的常见问题。

本书作为创新的先驱,将艺术融入工科课堂,初见成效;不仅能够提升学生乃至教师的艺术审美能力,同时还对学生能力培养和技能训练、深化理解并运用理论知识具有十分重要的意义,对学生获得生产技术和管理知识、接受职业环境熏陶、培养良好的职业素质及独立工作能力、形成良好的项目工程思想和工程规范意识、积累项目经验以及为就业创业打下坚实基础等起着十分重要的作用。

本书荣获首届全国教材建设奖重庆市重点建设教材。本书提供在线精品课程资源,包含课程大纲、进度表、课程视频及配套作业和考试等资源,读者可通过访问重庆市高校在线开放课程平台获取。

编　者

目　录

第1章 人机交互设计概述

交互设计试图提高产品或系统的可用性和用户体验。它首先研究、了解某类用户的需求,然后再通过设计来满足用户的需求。随着产品和操作变得越来越复杂,越需要用户掌握更多新技能,因此设计师对如何能帮助用户提高效率面临更大的挑战。通常,新技术对于目标用户来讲都很复杂。交互设计试图在保证产品功能的同时又能缩短用户的学习时间,提高任务完成的准确性和效率。这能让用户遇到更少的阻碍,从而有更高的效率,并感到更加满意。

1.1 人机界面的定义、起源及发展

1.1.1 人机交互界面的定义

人机交互界面,可以从人机交互与人机界面设计这两个方面来理解它的含义。人机交互(英文名为 Human Computer Interface,简称 HCI),是一门研究系统与用户之间的交互关系的学问。系统可以是各种各样的机器,也可以是计算机化的系统和软件。人机交互界面通常是指用户可见的部分。用户通过人机交互界面与系统交流并进行操作,小如收音机的播放按键,大至飞机上的仪表板或是发电厂的控制室。

操作系统的人机交互功能是决定计算机系统"友善性"的一个重要因素。人机交互功能主要靠可输入输出的外部设备和相应的软件来完成。可供人机交互使用的设备主要有键盘、鼠标、各种模式识别设备等。与这些设备相应的软件就是操作系统提供人机交互功能的部分。人机交互部分的主要作用是控制有关设备的运行,理解并执行通过人机交互设备传来的有关的各种命令和要求。早期的人机交互设施是键盘、显示器。操作员通过键盘输入命令,操作系统接到命令后立即执行并将结果通过显示器显示。输入的命令可以有不同方式,但每一条命令的解释是清楚的、唯一的。

人机界面设计是指通过一定的手段对用户界面有目标和计划的一种创作活动。大部分为商业性质、少部分为艺术性质。人机界面通常也称为用户界面。人机交互界面的设计要包含用户对系统的理解(即心智模型),那是为了实现系统的可用性或者用户友好性(图1.1,图1.2)。

图 1.1　超星学习通效果图

图 1.2　故宫博物馆效果图

1.1.2　人机交互界面的起源与发展

1959 年,美国学者 B.Shackel 从人在操纵计算机时如何才能减轻疲劳出发,提出了被认为是人机界面的第一篇文献:关于计算机控制台设计的人机工程学的论文。1960 年,Liklider JCR 首次提出人机紧密共栖(Human-Computer Close Symbiosis)的概念,被视为人机界面学的启蒙观点。1969 年在英国剑桥大学召开了第一次人机系统国际大会,同年第一份专业杂志国际人机研究(IJMMS)创刊。可以说,1969 年是人机界面学发展史的里程碑。

在 1970 年成立了两个 HCI 研究中心:一个是英国的 Loughbocough 大学的 HUSAT 研究中心,另一个是美国 Xerox 公司的 Palo Alto 研究中心。

1970 年到 1973 年出版了四本与计算机相关的人机工程学专著,为人机交互界面的发展指明了方向。

20 世纪 80 年代初期,学术界相继出版了六本专著,对最新的人机交互研究成果进行了总结。人机交互学科逐渐形成了自己的理论体系和实践范畴的架构。理论体系方面,从人机工程学独立出来,更加强调认知心理学以及行为学和社会学的某些人文科学的理论指导;

实践范畴方面,从人机界面(人机接口)拓延开来,强调计算机对人的反馈交互作用。人机界面一词被人机交互所取代。HCI 中的 I,也由 Interface(界面/接口)变成了 Interaction(交互)。

20 世纪 90 年代后期以来,随着高速处理芯片,多媒体技术和 Internet Web 技术的迅速发展和普及,人机交互的研究重点放在了智能化交互,多模态(多通道)-多媒体交互,虚拟交互以及人机协同交互等方面,也就是放在以人为中心的人机交互技术方面。

人机交互的发展历史,是从人适应计算机到计算机不断适应人的发展史 。人机交互的发展经历了几个阶段:

①早期的手工作业阶段;

②作业控制语言及交互命令语言阶段;

③图形用户界面(GUI)阶段;

④网络用户界面的出现;

⑤多通道、多媒体的智能人机交互阶段。

1.2　人机界面的研究内容、用户体验、交互方式

生活中我们常常会使用一些产品或者享受某些服务。有时我们觉得得心应手,很舒心,有时我们嫌这嫌那,很闹心。那些产品使我们的生活变得很简单,又使我们的生活变得很复杂。有时我们觉得很熟悉,有时我们又感到很陌生。我们是产品的使用者,同时也是产品的设计与制造者。当产品满足人们需求时,制造者会得到赞扬,这就是良好的用户体验。

1.2.1　用户体验是什么

用户体验是什么? 我们应该从用户、体验、用户体验这 3 个方面来阐述他的含义。

我们可以把用户理解为消费者——产品的使用者、服务的对象。

体验是使不同的人以个性化的方式参与消费,在消费过程中产生情绪、体力、心理、智力、精神等方面的满足,并产生预期或更为美好的感觉。而体验的核心就是顾客参与,体验营销的消费者充分发挥自身的想象力和创造力,主动参与产品的设计、创造和再加工。

用户体验,我们这里主要是指"客户体验",指用户使用一个产品时的全部感受体验。这决定着他们对产品的印象和感觉,是否成功,是否享受,是否还想再来使用。他们能够忍受的问题,疑惑和 BUG 的程度。

随着互联网行业的发展,网站体验日渐成熟。网站体验是利用网络特性,为客户提供完善的网络体验,提高客户的满意度,从而与客户建立起紧密而持续的关系。

1.2.2　生活中的那些事

生活中,我们用到的那些产品及服务,在体验方面真是让我们爱恨交加。那些产品及服

务有时令我们兴奋不已,有时令我们愤怒沮丧;有时我们感觉生活如此简单,有时又变得十分复杂。每天我们都在接触这些不同的产品和服务。产品与服务是为人设计和执行的,所以满足人们的需求,就会得到赞扬和青睐;反之,则会受到指责和遗弃。

对于上班族来说,每天早上都是被闹钟叫醒。市面上与闹钟相关的 app 比比皆是,如何选择一款适合自己的产品,就取决于自己的需求和主观感受。

当你出门上班,好不容易挤上公交车,想听听音乐舒缓情绪。但是,一手拉着拉环,一手拿着手机,给操作带了不便。那么选择哪款音乐播放 app,取决于自己在不同的环境下,使用产品时的需求和主观感受。

当你下班了,结束了一天的工作,想和朋友一起享受休闲生活。你掏出手机准备选择一个聚会地点的时候,那么选择哪款产品进行预订将取决于你作为用户的体验。

那么一个产品的良好用户体验就成为最重要的商业竞争力之一。

1.2.3　用户体验与网站

网站是一种特殊的用户体验产品。它不像我们使用的水壶、座椅等具有实体形态。它是以内容为主的网站产品和以交互为主的网站应用。

在网站的运用中,用户体验尤其重要。网站是一门比较复杂的技术,不管用户访问的是什么类型的网站,它都只提供"自助式"的服务。用户在使用产品前,没有说明书,也没有使用培训、没有客服代表来帮你解决如何使用网站。用户只能依靠自己的智慧和经验,来独自面对这个网站。

用户如果在某个页面被困住了,也只能靠自己找到出路,这是相当糟糕的一件事情。对于一个网站来说,其存在的意义就在于可以提供给广大网民及时便利的信息资讯。这就是网站存在的唯一目的。很多时候,用户体验直接影响到你的网站是否成功。在一般设计网页的时候,你必须要注意几个问题。第一就是你必须要规避你的个人喜好,毕竟你喜欢的东西并不一定谁都喜欢,比如网页构成色彩,你喜欢大红大绿,并且你的网页充斥着这样的颜色,那么你一定会丢失掉很多潜在客户,原因就是你那跳跃的色彩让你失去浏览者对你网页的信任。考虑到现在人们都喜欢简单的颜色,简约而不简单应当作为网络设计者的目标,这时候你可以考虑去看看竞争对手的网页设计方案,不要抄袭,因为那会让浏览者降低信任度,在他的基础上再做提高才是你留住浏览者最好的办法。第二个问题是你必须要让不同层次的人在你的网页上尽量达成一致的意见,用最简单的话说就是老少咸宜。那样才能说明你的网站是成功的,因为你抓住了所有浏览者共同的心理特征,这样才能吸引更多新的浏览者,当然,有奖浏览之类的东西还是少一些为好,虽然利益是最大的驱动力,但是网络的现状让网民的警惕性非常高,一不小心就会适得其反。想要抓住人们的习惯其实很简单,你首先想想你周围的人都关注的共同的东西,你就明白了。第三比较重要,就是对你竞争对手的分析,也是对你自己观察力的一个考验。

1.3　用户体验要素

用户体验的开发流程,就是为了确保用户在你产品上的所有体验都不会令其产生"明确的、有意识的意图"。这就是说,要考虑用户可能采取的每一个行动的每一种可能性,并且去理解在用户使用过程中每一个步骤的期望值。这让人感觉是一个巨大的工作量。但是,我们可以把开发用户体验的工作分解成各个环环相扣的组成要素,这个方法可以帮我们解决这个工作量过大的问题。

1.3.1　初识 5 个层面的要素

表现层——感知设计:一系列网页,由图片和文字组成。例如:页面、功能、促销的广告、logo 等。

框架层——界面设计、导航和信息设计:按钮、控件、照片和文本区域的位置。主要用于优化设计布局在你需要的时候,能记得标识并找到购物车的按钮。

结构层——交互设计与信息架构:与框架层相比更加抽象的是结构层,框架是结构的具体表达方式。它是用来设计用户如何达到某个页面,并且在他们做完事情之后去什么地方。

可以用于定义导航条上的各个要素排列方式及分类,结构层则确定哪些类别应该出现在哪。

范围层——功能规格和内容需求:结构层确定网站各种特性和功能最合适的组合方式,而这些特性和功能就构成了网站的范围层。

战略层——产品目标和用户需求:网站的范围基本上是由网站战略层所决定的(网站想经营什么和用户想得到什么)。

每一个层面都用一个图标表示,如图 1.3 所示。

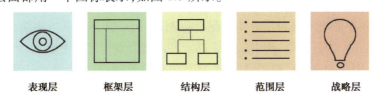

表现层　　　　框架层　　　　结构层　　　　范围层　　　　战略层

图 1.3　5 个层面图标示意

这 5 个层面——战略、范围、结构、框架和表现,提供了一个基本框架。在这种框架下,就更容易解决用户体验的问题了。每一个层面,都会处理一些问题,有的抽象而有的则更具体。在框架的最低层,我们不用考虑网站、产品或者服务最终呈现的样子——我们只关心网站如何满足我们的战略目标,也就是用户的需求。在最顶层,我们关心产品所呈现的外观细节。从框架上看,我们的决策一点点变得具体清晰。

每个层面都是根据他下面的那个层面来界定的。所以表现层由框架层决定,框架层由结构层决定,结构层由范围层决定,范围层由战略层决定,环环相扣。当我们某一个环节的决定,没有和上一层面保持一致时,项目常常会脱离正常轨道,完成日期也会延迟。而在开发团队试图把各个环节生拉硬扯地拼合在一起时,往往又会增加开发费用。因为五个层面存在依赖性关系,从而可能产生某种自上而下的"连锁效应"。这种反应意味着在"上一层面"中选择的一个界限之外的选项,将需要重新考虑"下一层面"中所做出的决策。

但是,这也并不意味着"下一层面"必须完成后,才能考虑"上一层面"的内容。所有的决策产生的连锁反应,都应该是双向的。所以,我们应该好好规划一下项目计划,任何一个层面的工作都不能在下一层面完成之后进行,如图 1.4 所示。

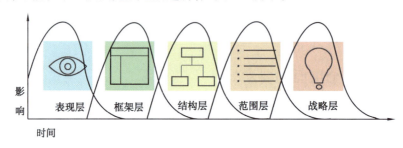

图 1.4　层级完成时间轴

用户体验五要素的时候将产品分成了两面,一面是功能型产品,一面是信息型产品。对于功能型产品,则主要偏向于用户通过产品功能解决问题,因此框架层中我们所要关注的核心是任务——所有的操作都被容纳进一个过程,在这个过程中我们思考用户行为,研究用户该怎样进行每一个操作,我们把产品看成完成一个或者一组任务的工具;而对于信息型产品,我们关注的核心是信息,产品应该提供哪些信息,这些信息对用户而言有什么意义。因此对于功能型产品和信息型产品,我们要考虑到其两面性。在做用户体验开发过程时要做好具体区分。

随着国内互联网企业的发展、沉淀,用户体验模块也会变得异常重要。在残酷的市场竞争中,产品体验的差异有时对于产品本身而言将会是致命的。尤其是在牵涉到使用的核心环节,比如支付环节体验很差,将是产品终结的罪魁祸首。

同时,互联网企业也应该对用户体验保持克制,不可一味地盲从。因为随便一个人,对于界面设计提出几个改进问题,那个过程距离产品体验开发过程相差甚远,当然可以说那是其中一个环节。但正如文中已经提到的,直接从表现层开始,那必定是把产品推向了一个危险境地。

1.3.2　5 个层面分析

(1)战略层

整个产品周期很长,先定个战略,有规划,有指导思想,才能够好好做产品。比如,我们做产品总得定一个小目标吧?

①商业目标:比方说,先赚它一个亿。再比如,我们先干一年,目标积累 100 万用户。这就是我们的商业目标。

②用户需求:比方说,我们觉得有的用户打车困难,有的用户的汽车总是自己一个人开,

浪费空间,所以想到共享经济,做个滴滴平台,让没车的用户可以方便地坐有车的用户的车。这就是用户需求。

用户需求需要好好挖掘,可以通过问卷调查、访谈等方式挖掘用户的核心需求。为了避免我们的做法与用户需求有偏离,可以对用户进行分类,把典型的用户种类划分并制作成用户画像 Personal,甚至可以把用户画像打印出来挂在墙上,在以后做决定的时候时刻想着他们的需求,这样我们就不至于做出严重偏离用户需求的决定。

商业需求是公司内部需求,用户需求是公司外在需求,它们共同组成战略层的核心内容。

(2)范围层

我们的产品要有哪些功能? 拿上面做"滴滴打车"的例子来说,要让用户提出出发地和目的地,就能够找到,要让司机能够轻松地找到乘客,要给他们提供便利的支付方式,要让乘客和司机能够通过联系方式交流,要能够动态地、实时地把最合适的乘客推荐给最合适的司机。

上面描述了我们想做的产品功能,这就是范围层要考虑的,哪些功能要做,哪些功能不要做,哪些先做,哪些后做,写下来之后就变成需求文档了,以后开发的排期、优先级、做不做某个功能产生纠结的时候,都可以把之前写下来的需求文档搬出来。

在前面的战略层,解决的是为什么做的问题,在范围层,解决的是做什么的问题。那么,接下来结构层、框架层、表现层,都是解决怎么做的问题的。只是由抽象到具体,由框架到细节,步步推进。

(3)结构层

在结构层,要考虑两个问题:"交互设计"和"信息架构"。

①交互设计指的是针对用户的操作,产品要怎么反应来配合用户操作。

在这里有一个"概念模型"的概念,比如,我们做电商,有购物车,购物车的概念模型可以是现实中的购物推车,那么它就有往里面放东西、从里面移除东西等功能,则在电商平台设计购物车功能的时候,就可以对应着来考虑与用户的交互方式了。

尤其需要注意的一点,设计的交互方式不要与用户默认的思维习惯相背离,比如,在用户的脑海里,默认浏览器右侧的 ScrollBar 是用来上下滑动页面的,而你的产品把它设计为拉动 ScrollBar 以放大、缩小字体,这就会让用户很难接受,因为这与他们的脑海中的习惯不相符。

②信息架构是指信息的组织方式。

我们的产品肯定有很多内容,那么这些内容应该怎么组织起来,让用户觉得好用、易用呢? 比如操作文件夹的时候,我们总见过打开一个文件,再嵌套另一个文件夹,再嵌套另一个文件…,一下嵌套十来层的文件夹组织方式,令人心生倦意。在进行信息架构的时候,可以把自己每个产品的产品内容分别当作一个节点 node,然后将这些节点有序地组织起来。具体的结构方式有层级结构、矩阵结构、自然结构、线型结构等,可以根据自己的产品特点来进行针对性的设计。

（4）框架层

经过了上面的结构层,我们可以看到,只是对产品的交互方式和内容组织方式进行了一个大概的设计。那么在框架层,就需要进一步地进行设计了。在框架层中包含:界面设计、导航设计、信息设计。

①界面设计:界面设计要做的就是选择合适的界面交互控件,这些控件既能够让用户易于理解其含义,又能够让用户借此来圆满完成任务。

②导航设计:导航设计要做的就是让用户在使用产品的时候有位置感,让用户知道自己在什么位置,知道下一步可以到哪里,知道上一步怎么返回,避免让用户有云里雾里的感觉。具体而言,索引表、网站地图、导航链接、当前位置导航信息等,都可以是导航设计的一部分。

③信息设计:信息设计要做的就是怎么把各种设计元素黏合在一起,怎么把它们呈现出来,让用户更好地理解和使用它们。

在产品设计中,有一个很重要的概念:线框图。线框图是上述的界面设计、导航设计、信息设计三者的结合,是产品的雏形和大体形态。需要注意的是,线框图与产品原型略有差别,原型是对线框图更细致描述的产品体现,原型要求必须有交互,而线框图则可以是静态的,没有交互也可以,如图1.5所示。

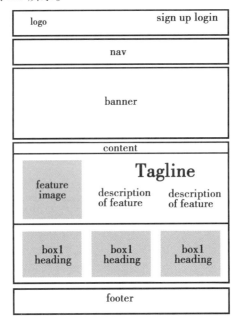

图 1.5　网站框架布局

（5）表现层

表现层是用户真真切切地可以感受到的产品外在,这是离用户最近的。在这一层,可以通过设计产品的配色方案、排版、对比、风格统一,充分研究和使用用户的感知方式(嗅觉、味觉、触觉、视觉、听觉等),将产品的风格完整呈献给用户,如图1.6所示。

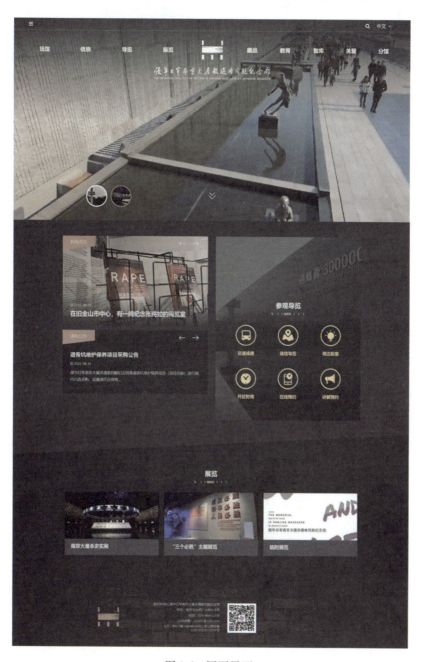

图 1.6　网页界面

思考题

小 P 即将建设一个我的大学 APP,请根据网络市场调研需求,设计战略层,并绘制两张具有代表性的用户模型图。

拓展知识点——网络市场调研

①定义:网上市场调查是利用因特网针对特定的市场问题进行调查设计、收集信息、整理信息、分析信息的活动。

②调研方法分类

按照调研所搜集信息的来源,网络调研方法可分为:

对原始资料的调研,其优点:高可靠性;缺点:工作量大。

对二手资料的调研,其优点:工作量小;缺点:及时性、可靠性、实用性较差。

按照调研者在组织调查样本过程中的行为特点来划分:

①主动调研:即调研者主动组织调研样本,完成统计调查分析。

②被动调研:调研者被动地等待调查样本造访或提供信息完成统计调查分析的方法。

按收集信息所采用的技术手段划分:站点法,电子邮件法,随即 IP 法,视频会议法。

按收集信息的方法划分:网上问卷调研法,网上讨论法,网上观察法。

网络市场调研的过程,关键是规划好 6W2H。

WHO:谁从事此项工作,责任人是谁,对人员的学历及文化程度、专业知识与技能、经验以及职业化素质等资格要求。

WHAT:做什么,即本职工作或工作内容是什么,负什么责任。

WHOM:为谁做,即顾客是谁。这里的顾客不仅指外部的客户,也指企业每部的员工,包括与从事该工作的人有直接关系的人:直接上级、下级、同事、客户等。

WHY:为什么做,即工作对其从事者的意义所在。

WHEN:工作的时间要求。

WHERE:工作的地点、环境等。

HOW:如何从事或者要求如何从事此项工作,即工作程序、规范以及为从事该工作所需的权利。

HOW MUCH:为此项工作所需支付的费用、报酬等。

③实施阶段:主要工作:查询调研对象,编写调研问卷。

注意:可以与传统方式相结合,如搜集资料、设计调查表格、抽样设计、实地调查。

④查结果处理和分析阶段:把调查信息送入数据库,通过数据库和分析策略提取所需资料;编写调查报告,为网络营销提出建议和意见;事后追踪调查。

1.4 用户体验案例

案例操作一:数据排序与显示的用户体验

这里有一组数据,让人有点摸不着头脑。有人说它是红包数据,也有人说它是股票数据,这样的数据没有任何排列的规律,也没有解释说明的语句。不管是什么看到这种混乱的数据,大多数人都会感到头昏眼花,不想再去想它是什么,如图 1.7 所示。

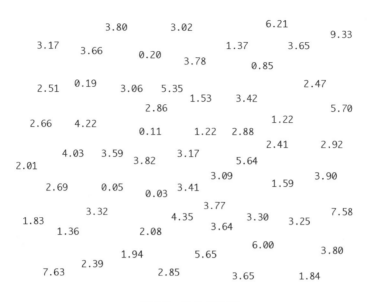

图 1.7　混乱的数据

把刚才的数字按照一定的顺序排列起来，如图 1.8 所示。

```
4.35 3.17 3.06 1.37 0.19 0.11 0.03 0.05 0.20 1.22 2.86 3.09
5.35 4.03 3.77 2.51 1.84 1.59 0.85 1.22 1.94 3.25 5.65 6.00
1.53 1.36 2.69 3.64 3.32 3.78 3.66 4.22 3.82 2.41 2.92 2.47
3.17 3.02 3.59 3.90 3.80 3.65 3.80 3.41 3.30 2.88 3.65 3.42
2.01 2.08 2.39 2.85 6.21 9.33 5.70 7.58 7.63 5.64 2.66 1.83
```

图 1.8　排列整齐的数据

由上可得出，虽然我们还是猜不出它是什么数据，但是至少不会头昏脑胀，甚至愿意花一些时间去观察、研究它，到底是什么。接着，我们给它加一些解释说明的语句，来限定数据的方向，如图 1.9 所示。

平均降水（厘米/月）

	1月	2月	3月	4月	5月	6月	7月	8月	9月	10月	11月	12月
北京	4.35	3.17	3.06	1.37	0.19	0.11	0.03	0.05	0.20	1.22	2.86	3.09
上海	5.35	4.03	3.77	2.51	1.84	1.59	0.85	1.22	1.94	3.25	5.65	6.00
杭州	1.53	1.36	2.69	3.64	3.32	3.78	3.66	4.22	3.82	2.41	2.92	2.47
香港	3.17	3.02	3.59	3.90	3.80	3.65	3.80	3.41	3.30	2.88	3.65	3.42
台北	2.01	2.08	2.39	2.85	6.21	9.33	5.70	7.58	7.63	5.64	2.66	1.83
兰州	1.53	1.36	2.69	3.64	3.32	3.78	3.66	4.22	3.82	2.41	2.92	2.47
拉萨	3.17	3.02	3.59	3.90	3.80	3.65	3.80	3.41	3.30	2.88	3.65	3.42

图 1.9　平均降水量数据

现在数据已经很清楚了，是指定城市每个月平均降水量的数据。但是作为一个普通的大众，看这个图的真正目的，并不是那些密密麻麻的数据，而只想知道某个城市一年之中，哪几个月降水量多，哪几个月降水量少。通过图 1.9，虽然我们可以很清楚知道城市和降水的具体数据，但是对于我们普通消费者而言，还是不能很直观地看出具体降水量的差别，更别说良好的用户体验了。那么怎样才能达到良好的用户体验呢？我们不妨再试试,用色块来表示降雨,如图 1.10 所示。

平均降水（厘米/月）

	1月	2月	3月	4月	5月	6月	7月	8月	9月	10月	11月	12月
北 京	4.35	3.17	3.06	1.37	0.19	0.03	0.06	0.05	0.20	1.22	2.86	3.09
上 海	5.35	4.03	3.77	2.51	1.84	1.59	0.85	1.22	1.94	3.25	5.65	6.00
杭 州	1.53	1.36	2.69	3.64	3.32	3.78	3.66	4.22	3.82	2.41	2.92	2.47
香 港	3.17	3.02	3.59	3.90	3.80	3.65	3.80	3.41	3.30	2.88	3.65	4.42
台 北	2.01	2.08	2.39	2.85	6.21	9.33	5.70	7.58	7.63	5.64	2.66	1.83

图 1.10　平均降水量数据

通过上图所示,用户能够更清晰体验图标信息。色彩的深浅能够突出设计者的目的。但是密密麻麻的数据还是会干扰用户更直接理解图标的意思。用户往往是"懒惰"的,他们只要最快地达到目的,不想有多余的思考。那么,从用户的目标来分析,把"降水"文字转换为图像"雨滴"是否会更清晰呢? 如图 1.11 所示。

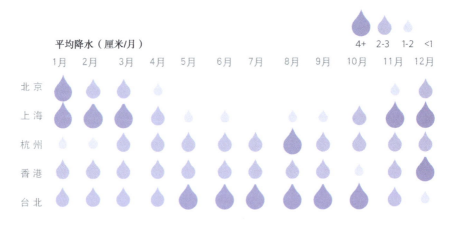

图 1.11　平均降水量数据

对于普通用户来说,降雨的具体数据并不是最关心的,只需要知道降水的多与少。上图让用户更直观地观察到降水的多少。具体数据也可以通过右上角的解释了解到,能过给予用户快、准、细的信息。

案例操作二:分析美图秀秀和 Photoshop 的界面用户体验

1)美图秀秀

美图秀秀的目标用户,可能是一些女生。她们的一个典型用户场景,是用手机自拍,希望把自己变得更"美"一些,然后发到朋友圈上面去。大部分普通用户估计并没学过设计或者美术,可能也不太懂摄影,但是美图秀秀可以让他们只通过简单的点按、选择,就能把自己的照片变美。不需要过多的思考,不需要专业知识,所以,在这个场景中,它的"用户体验"是好的。

2）photoshop

但 Photoshop 的目标用户，估计并不是这些妹子们，而是专业的设计师。对于一个专业的设计师来说，他用 Photoshop 工作，这时"能够最大限度地帮助设计师表达他们的创意"才是好的用户体验。为了做到这一点，专业的设计师并不介意去深入地学习这个软件的使用方法。从"易用性"来看，Photoshop 显然不够易用，但对于专业设计师来说，它的体验太棒了！

在现代的电子产品中，图形界面已经应用得非常广泛了。我们一般认为，图形界面更加生动、易用、易学。从这个角度看，图形界面的用户体验是好的。但是如果你去问一个专业的运维工程师，问他们配置服务器的时候用图形界面还是命令行，他们基本上都会选命令行。相比于图形界面，命令行的"易用性"太差了，不学习根本不会用。但是对于运维工程师来说，命令行更加简洁、精确和高效。他们使用命令行可以提升工作效率，可以更快更好地完成工作。

1.5　人机交互界面的基本流程

人机交互界面设计基本流程共分为 6 个阶段，分别为需求阶段、分析设计阶段、调研验证阶段、方案改进阶段、构架原型阶段、用户验证阶段。

（1）需求阶段

软件产品依然属于工业产品的范畴。依然离不开 3W 的考虑（Who，Where，Why），也就是使用者、使用环境、使用方式的需求分析。所以在设计一个软件产品之前，我们应该明确什么人用（用户的年龄、性别、爱好、收入、教育程度等），什么地方用（在办公室/家庭/厂房车间/公共场所），如何用（鼠标键盘/遥控器/触摸屏）。上面的任何一个元素改变结果都会有相应的改变。

识别和理解目标用户是开始产品设计的第一步，同样重要的是分析市场上类似的产品，分析类似产品针对的用户群，甄别其是否是竞争对手，这些工作对于设计将非常有借鉴意义。理解其他产品的过程有利于比较和理解自己产品目标用户的需求。

另外，非常有价值的方法是对用户使用产品的过程做情节描述，考虑不同环境、工具和用户可能遇到的各种约束。可能的话，可深入到实际的使用场景去观察用户执行任务的过程，找到有利于用户操作的设计。

通过一些方法寻找符合目标用户条件的人来帮助测试原型，听取他们的反馈，并努力使用户说出他们的关注点，和用户一起设计，而不是只通过自己的猜测。

通常情况下，软件研发和界面设计人员对产品的了解和细节的把握比用户要精细得多，尽管这些知识对类似设置缺省状态或者提供最佳信息非常有帮助。但一个重要的概念是：产品设计不是给自己来用，不是为满足自己的需求或符合自己的习惯而设计，而是为目标或者潜在用户设计。

除此之外,在需求阶段,同类竞争产品也是我们必须了解的。同类产品比我们的产品提前问世,我们要比其做得更好才有存在的价值。那么单纯地从界面美学考虑说哪个好哪个不好是没有一个很客观的评价标准的。更适合于最终用户的就是最好的。

(2)分析设计阶段

通过分析上面的需求,我们进入设计阶段,也就是方案形成阶段。我们设计出几套不同风格的界面用于被选。完成用户模型定义后,需要定义和分析用户将履行的任务,寻找与任务相关的用户心智和概念模型。心智模型体现了任务场景,定义了任务包含的具体内容和用户的期望;任务之间的组织关系和与其适应的工作流程。

观察用户在非使用电脑的状态下怎样完成任务、使用什么术语,与任务相关的概念、物体、手势等,设计产品反映这些事物,但不是机械地复制。充分利用电脑环境固有的优势使整个过程和方法更加简单,并得到优化。

(3)调研验证阶段

测试阶段开始前,我们应该对测试的具体细节进行清楚的分析描述。调研阶段需要从以下几个问题出发:

用户对各套方案的第一印象如何? 用户对各套方案的综合印象如何? 用户对各套方案的单独评价如何? 选出最喜欢的,选出其次喜欢的;对各方案的色彩,文字,图形等分别打分。结论出来以后请所有用户说出最受欢迎方案的优缺点。所有这些都需要用图形表达出来,直观科学。

(4)方案改进阶段

经过用户调研,得到目标用户最喜欢的方案,而且了解到用户为什么喜欢,还有什么遗憾等,这样就可以进行下一步修改了。这时候我们可以把精力投入到一个方案上,将方案做到细致精美。

(5)架构原型阶段

在完成用户目标和任务分析之后,使用这些关于任务及其步骤的信息构建草图,进而发展成产品原型。原型是很好的测试设计的方法。它能够帮助检验设计在多大程度上契合用户的操作。可以使用各种各样的办法构建原型,例如可以使用故事板来可视化地展现用户使用产品的过程,也可以使用原型工具来模拟过程,以此说明产品是如何运行的。

原型只是快速构建,作为改进设计的手段,如果构建原型使用了代码,也有很多不完善之处,要尽量避免在最终产品中使用这些代码。

(6)用户验证阶段

对于改进以后的方案,我们可以将其推向市场。但是设计并没有结束,我们还需要关注用户反馈,好的设计师应该在产品上市以后去站柜台。可以请一些目标用户试用,仔细地观察、倾听用户在执行特定任务的时候的反应,是否与设计定义一致,最好用摄像机记录下来。用户观察有助于发现设计是否合理和存在的问题。

用户测试注意把范围限定在关键领域,着重对设计阶段重点分析的任务的检验,对参与者的指导必须清晰而全面,但不能解释所要测试的内容。

使用测试记录获得的信息来分析设计,进而修正和优化原型。当有了第二个原型之后,就可以开始第二轮测试来检验设计改变之后的可用性。可以不断地重复这个过程,直到满意为止。使产品变得具有优秀产品的特质,成为满足目标用户的高适用性产品。

知识点

界面设计基本流程:

1.产品制作人写产品计划书。

2.用户体验研究员作调查分析。

3.信息建构师设计产品架构。

4.互动设计师作出互动流程。

5.视觉设计师和用户界面设计师作出页面视觉设计。

6.前台工程师进行前台开发。

7.后台工程师进行后台开发。

8.用户体验研究员做用户测试,确保质量。

1.6　网站开发流程

大家对于网站既熟悉又陌生,每天都在浏览各式各样的网站但却不了解一个网站由哪些方面组成。通过下面的讲解使大家了解网站开发的流程。

首先,网站开发是制作一些专业性强的网站,比如说动态网页。ASP JSP 网页。而且网站开发一半是原创,网站制作可以用别人的模板。网站开发字面意思比制作有更深层次的进步,它不仅仅是网站美工和内容,它可能涉及网站的一些功能的开发。新竞争力也提示人们在网站开发的同时也要注意网站优化的因素,因为用户体验才是体现网站价值的意义所在。

网站开发的步骤与流程如下:

(1)需求分析:目标定位、用户分析、市场前景

目标定位:做这个网站干什么? 这个网站的主要职能是什么? 网站的用户对象是谁? 他们用网站干什么? 用户分析:网站主要用户的特点是什么? 他们需要什么? 他们厌恶什么? 如何针对他们的特点引导他们? 如何做好用户服务? 市场前景:网站如同一个企业,它需要能养活自己;网站的市场结合点在哪里?

(2)平台规划:内容策划、界面策划、网站功能

内容策划:这个网站要经营哪些内容? 其中分重点、主要和辅助性内容,这些内容在网站中具有各自的体现形式。内容划分好以后,就进行文字策划(取名),把每个内容包装成栏目。界面策划:结合网站的主题进行风格策划。如色彩包括主色、辅色、突出色,版式设计包括全局、导航、核心区、内容区、广告区、版权区及板块设计。网站功能:主要是管理功能和用户功能。管理功能是人们通常说的后台管理,关键是做到管理方便、智能化。而用户功能就是用户可以进行的操作,这涉及交互设计,它是人和网站对话的接口,非常重要。

(3)项目开发:界面设计、程序设计、系统整合

界面设计:根据界面策划的原则,对网站界面进行设计及完善。程序设计:根据网站功能规划进行数据库设计和代码编写。系统整合:将程序与界面结合,并实施功能性调试。这个阶段是整个项目的核心阶段。这一块的建设还包括一些基本流程及注意事项,如下:

①网站域名建设

也就是用户在浏览器里面访问的这个网址,比如某博客使用的域名是:＊＊＊.net。网站域名显然是非常重要的,选择一个非常有代表性的域名是网站长期发展的必要考虑因素,当网站运营一段时间后(域名已深入人心),如果需要更换域名,可能会流失很多网站流量。最常用的国际域名后缀有".com"".net"".org",国内的域名后缀有".com.cn"".cn"等。这里要注意的是,国内的域名都是需要备案才能使用的。域名可以到专门的 IDC 提供商注册,比如万网、美橙互联、新网、中国数据、爱名网等。对于新网的域名,不推荐去注册,存在安全漏洞。温馨提示:选择一个洋气的域名更容易被用户记住!

②网站空间

网站空间是用来存放网站数据使用的,也称为虚拟主机。网站空间是服务器上的一个文件夹,服务器可以分为 N 个文件夹,用于单独出售。当然用户也可以直接租服务器,对于占用资源小的网站如企业网站,一般都是选择购买网站空间;对于一些独立论坛、商城等占用资源稍大的,会选择租用服务器建站。这里要提醒大家的是:目前国内的正规网站空间基本上都是需要备案才能使用的,如果你不具备备案条件,可选择海外免备空间或香港免备空间。温馨提示:选择一个高速稳定的网站空间对于以后网站优化起着至关重要的作用!

③网站程序

网站程序主要分为 ASP、PHP、html 等,就是不同的网站编程语言,目前使用得比较多的应该是 PHP 程序了。网站程序大部分都是用开源的,当然也有自己写的。对于一般的无特殊要求的站长来说,开源网站程序已经能满足建站需求!网站程序除了网站的内核框架外,也有网站模板、logo、版块分类、banner、广告位等,在用户浏览不同的网站时应该可以很直观地看到。在搜索引擎非常注重用户体验的时代,制作一个精美的网站模板也是非常重要的。网站程序与模板的关系就跟房子与装修的关系一样,网站程序就是房子的框架,网站模板就是房子的效果装修。温馨提示:选择一套网站结构简单明了的程序会得到搜索引擎"蜘蛛"的青睐。

④网站数据库

网站数据库是一个虚拟的东西,是用来存储网站信息的。比如论坛注册用户信息、网站发布的文章信息等都是被储存在网站数据库里面的。一般网站数据库在购买网站空间里会免费赠送,如果是购买的服务器,那么数据库可以自己安装,当然大部分空间商会代安装好建站环境。温馨提示:网站数据库里面存放的往往是网站最重要的核心资料,所以做好网站数据库的备份是每个站长必做的工作。

了解了以上四点,那么做网站的流程是非常简单的:购买域名→购买空间→域名解析空间 IP→空间绑定域名→上传网站程序→根据要求进行安装→安装完成设置网站基本信息→网站建设完成。

（4）测试验收：**项目人员测试、非项目人员测试、公开测试**

项目人员测试：项目经理，监察员及项目开发人员一同根据前期规划对项目进行测试和检验。非项目人员测试：邀请非项目参与人员作为不同的用户角色对平台进行使用性测试。公开测试：网站开通，并接受网友的使用测试，设立反馈信息平台。收集意见和建议信息，针对平台存在的不足进行思考和完善。

知识点

网站开发流程图，如图 1.12 所示。

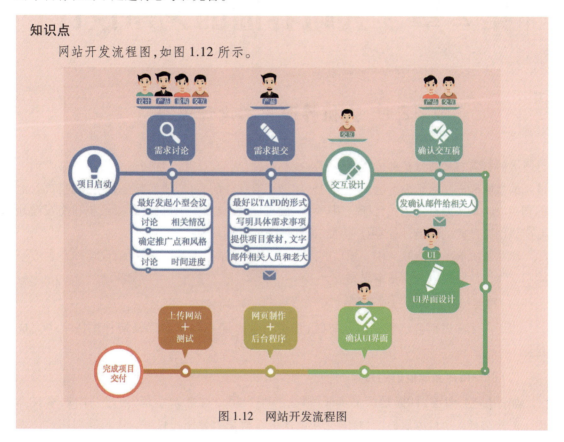

图 1.12　网站开发流程图

第2章　人机界面的艺术设计

2.1　人机界面艺术设计思路

人们经常有意通过某种工具或创造来解决难题,然而,这并不意味着人们高兴接受别人或别的事情提出问题难为自己。在用户使用网页或软件的时候,他们都是有明确的目标,他们利用电脑来帮助自己达成目标。用户在达成目标时,只专注于目标,所以系统和交互设计者应该创造良好的环境,以便用户快捷、愉快地完成目标任务。

交互系统应尽可能减少用户烦琐的操作,使用一些基本设计原则,可给设计师在思考系统和交互设计时提供一个基本思路。

(1)显著标志当前状态或位置

当用户无法识别自己所属的状态时,将会出现短期心理压力以及精神无法集中完成目标。

(2)引导用户完成他们的目标

如:用户上淘宝,目标是买 iPhone,那么当用户第一次登录系统,通过站内搜索找到IPhone 并选择某个商家后,这时候的交互设计主要就是引导用户付款。亚马逊网站这一点做得挺好,它会根据用户之前的操作,当用户再次登录到系统时,会推送用户历史记录的商品,极大程度地方便用户再次查找,并能再次激起用户的购买欲望。

(3)不要让用户诊断系统问题

现在已经有越来越多的网站在改善这个问题,比如 404 页面。现在很多网站再报 404 错误时,已经出现让用户所能理解的页面,而不再是之前的"乱码"。

(4)符合用户使用习惯

培养用户使用习惯,既让企业花费大量的资金而且未必得到良好的效果。即使用户从未接触过的系统功能,设计者也可以在某种程度上使用这种方式。操作系统以及应用软件已经培养了用户根深蒂固的使用习惯,在设计时可以借鉴。

2.2　人机界面艺术设计要素

人机界面设计要素主要有文字、颜色、布局等。

（1）字体（Font）

①使用统一字体，字体标准的选择依据操作系统类型决定。

②中文采用标准字体："宋体"，英文采用标准 Microsoft Sans Serif，不考虑特殊字体（隶书、草书等，特殊情况可以使用图片取代），保证每个用户使用起来显示都很正常。

③字体大小根据系统标准字体来定，例如 MSS 字体 8 磅，宋体的小五号字（9 磅）、五号字（10.5 磅）。

④所有控件尽量使用大小统一的字体属性，除了特殊提示信息、加强显示等例外情况。ITop 采用 BCB，所有控件默认使用 parent font，不允许修改，这样有利于统一调整。

⑤系统大小字体属性改变的处理。

⑥Windows 系统有个桌面设置，设置大字体属性，很多界面设计者常常为这个恼火。如果设计时遵循微软的标准，全部使用相对大小作为控件的大小设置，当切换字体大小的时候，相对不会有什么特殊问题。

但是由于使用点阵作为窗口设计单位，导致改变大字体后出现版面混乱的问题。这个情况下，应做相应处理：

①写程序自动调节大小，点阵值乘以一个相应比例。

②全部采用点阵作为单位，不理会系统字体的调节，这样可以减少调节大字体带来的麻烦。BCB/DELPHI 中多采用这种方法，但是必然结果是和系统不统一。

（2）文字表达（Text）

提示信息、帮助文档文字表达遵循以下准则：

①口语化、客气，多用您、请，不要用或少用专业术语，杜绝错别字。

②注意断句，逗号、句号、顿号、分号的用法。提示信息比较多的话，应该分段。

③警告、信息、错误，使用对应的表示方法。

④使用统一的语言描述，例如：一个关闭功能按钮，可以描述为退出、返回、关闭，应该统一规定。

⑤根据用户不同采用相应的词语语气语调。如专用软件可以出现很多专业术语，用户为儿童时，语气应亲切和蔼；对老年用户，则应该成熟稳重。

（3）颜色（Color）使用

①统一色调，针对软件类型以及用户工作环境选择恰当色调。

如安全软件，根据工业标准，可以选取黄色，绿色体现环保，蓝色表现时尚，紫色表现浪漫等，淡色可以使人舒适，暗色做背景使人不觉得累等。

②如果没有自己的系列界面，采用标准界面则可以少考虑此方面，做到与操作系统统一，读取系统标准色表。

③对于色盲、色弱用户,除应使用特殊颜色表示重点或者特别的东西外,也应该使用特殊指示符,以及图标等。

④颜色方案也需要测试。常常由于显示器、显卡的问题,色彩表现每台机器都不一样,应该经过严格测试,在不同机器上进行颜色测试。

⑤遵循对比原则:在浅色背景上使用深色文字,深色背景上使用浅色文字。蓝色文字以白色为背景容易识别,而在红色背景下则不易分辨,原因是红色和蓝色没有足够反差,而蓝色和白色反差很大。除非特殊场合,杜绝使用对比强烈、让人产生憎恶感的颜色。

⑥整个界面色彩尽量少使用类别不同的颜色。

(4)色表(Itop)

具体标准参考美术学统计学术标准。色表的建设,对于美工在图案设计、包装设计上起着标准参考作用,对于程序界面设计人员设计控件、窗体调色起到有章可循的作用。

(5)资源(Resource)、布局

人机交互界面设计如要层次丰富,具备视觉冲击力,少不了精美的鼠标光标、图标以及指示图片、底图等。

①需要遵循统一的规则,包括上述颜色表的建立,图标的建立步骤也应该尽可能地形成标准,可参考 itop 的 outlookbar 图标设计标准。

②有标准的图标风格设计,有统一的构图布局,有统一的色调、对比度、色阶,以及统一的图片风格。

③底图应该融于底图,使用浅色, 低对比,尽量少使用颜色。

④图标、图像应该很清晰地表达出意思,遵循常用标准,或者用户容易联想的物件,绝对不允许画出莫名其妙的图案。

⑤鼠标光标样式统一,尽量使用系统标准,杜绝出现重复的情况,例如某些软件中手型鼠标就有 4 种不同的样子。

(6)控件(STYLE)风格,不要使用错误控件,控件功能要专一

一套统一用户体验良好的控件,绝对不能不伦不类,杂乱无章。

①混淆复选框和单选按钮,很多人都容易忽略它们两者之间的区别。

单选按钮一般用于从多个选值中选择其中一个,每一个值都对应一个按钮,这多个选值在逻辑上就是一组按钮,每次只能选中一个。

复选框则是在两个相反的值中选择一个需求。复选框总是一个独立的控件。尽管经常看到很多复选框成组出现在页面上,但是每个复选框和其他复选框之间是独立的。

②复选框是对两个相反的值选择,在非开关设置中使用复选框,如遇到"启用/禁用","是/不是"等明显相反的值时,可以使用复选框。但如果不是相反关系的两个值选用复选框就容易混淆。

③把命令按钮当作开关。"按钮"这类控件触发的是一个事件或者调用一个操作。而不是控制开关。

④把选项卡当作单选按钮。选项卡是类似于导航额东西,它可以通过切换选项得到不同的页面或者是效果,不等同于单选按钮。

⑤太多的选项卡。选项卡的每一个面板都有一个标签,这个标签的内容有时候比较长,当面板比较多的时候,选项卡的宽度可能就不能容纳所有的标题内容了。这样会造成界面不协调。

⑥为永久只读数据提供输入控件。使用输入控件(文本框,复选框,单选按钮等)表示用户在当前界面永远不可编辑的数据,容易给用户造成困扰。

(7)控件布局(Align)

①屏幕不能拥挤。拥挤的屏幕让人难以理解,因而难以使用。试验结果(Mayhew,1992年)表明,屏幕总体覆盖度不应该超过40%,而分组总覆盖度不应该超过62%。整个项目应采用统一的控件间距,通过调整窗体大小达到一致,即使在窗体大小不变的情况下,宁可留空部分区域,也不要破坏控件间的行间距。

②区域排列。一行控件,纵向中对齐,控件间距基本保持一致,行与行之间间距相同,靠窗体 Border 的距离应大于行间间距(间距加边缘留空)。当屏幕有多个编辑区域,要以视觉效果和效率来组织这些区域。

③数据对齐要适当。对于说明文字,中文版应使用中文全角冒号;纵向对齐时,并按冒号右对齐。纵向控件宽度尽量保持相通并左对齐。例如:金额等字符串应根据小数点对齐,或者右对齐。

④有效组合。逻辑上相关联的控件应当加以组合,以表示其关联性,反之,任何不相关的项目应当分隔开,或者使用方框划分各自区域。

⑤窗口缩放时,控件位置、布局。使界面不出现跑版或者难看的解决方法:

- 固定窗口大小,不允许改变尺寸;
- 改变尺寸的窗口,在 Onsize 的时候对控件位置、大小进行相应改变。

2.3　人机界面设计的设计原则与规范

2.3.1　人机界面设计遵循的基本原则

无论是控件使用、提示信息,还是颜色、窗口布局风格,应遵循统一的标准,做到真正的一致。这样的好处是:

①使用户使用起来能够建立起精确的心理模型,使用熟练一个界面后,切换到另外一个界面能够很轻松地推测出各种功能,语句也不需要费神理解。

②降低培训、支持成本,支持人员不会费力逐个指导。

③给用户统一感觉,不觉得混乱,心情愉快,支持度增加。

做法:

①项目组由有经验人士确立 UI 规范。

②美工提供色调配色方案,提供整体配色表。

③界面控制程序人员、用户体验人员提出合理统一的控件库,可参考标准界面使用

规范。

④控件功能遵循行业标准,Windows 平台参见《Microsoft 用户体验》。

⑤控件样式在允许的范围内可以统一修改其样式、色调。

⑥参考其他软件先进操作,提取对本项目有用的功能,但绝对不能盲从或漫无目的。

⑦根据需要设计特殊操作控件,准则为:简化操作、达到一定功能目的。

⑧界面实施人员与美工商榷控件可实现性。

⑨建立合理化文档《UI 标准》描述上述规范。

⑩SQA 人员监控开发人员是否遵循,及时告诫开发人员。

2.3.2　界面设计准则之接近性原理

接近性原理是指物体之间的相对距离会影响人们感知它们是否属于一组。互相靠近(相对于其他物体)的物体看起来属于一组,而距离较远的则不是。

2.3.3　界面设计准则之视觉层次

当用户在使用网站进行目标任务时,并不会仔细检查并阅读屏幕上每一个词,他们只会很快地扫描相关信息,并将注意力放在他们所关心的信息上。因此,界面设计师对网站设计时,应该以简洁和结构化的方式呈现网站内容或页面结构,方便用户的浏览和理解,提高用户体验。

(1)网站界面设计基本原则

通常地讲,网站用户界面的设计应遵循以下几个基本原则:

①用户导向原则:以用户为中心,设计网页首先要明确到底谁是使用者,要站在用户的观点和立场上来考虑设计软件。要做到这一点,必须要和用户沟通,了解他们的需求、目标、期望和偏好等。

②拥有良好的直觉特征原则:要简洁和易于操作。该原则一般要求网页的下载不要超过 10 秒钟;尽量使用文本链接,而减少大幅图片和动画的使用;操作设计尽量简单,并且有明确的操作提示;软件所有的内容和服务都在显眼处向用户予以说明等。

③布局控制:关于网页排版布局方面,要灵活设计、便于浏览。

④视觉平衡:设计网页界面时,应合理分配各种元素(如图形、文字、空白),尽量达到视觉上的平衡。注意屏幕上下左右平衡。不要堆挤数据,过分拥挤的显示会让用户产生视觉疲劳和接收错误。设计要简单且美观。

⑤色彩的搭配和文字的可阅读性:颜色是影响网页的重要因素,不同的颜色对人的感觉有不同的影响。正文字体尽量使用常用字体,便于阅读。

⑥和谐与一致性:通过对软件的各种元素(颜色、字体、图形、空白等)使用一定的规格,使得设计良好的网页看起来应该是协调的。

⑦个性化:网站的整体风格和整体气氛表达要与产品定位相符合并应该很好地为产品服务。

（2）网站界面的功能美与形式美

网页界面作为传播信息的一种载体，同其他出版物如报纸、杂志等在设计上有许多共同之处，也应遵循一些共同的基本设计原则，综合运用平面构成原理和形式法则。但网页界面作为一种特殊媒介的设计，由于网络媒体表现形式、运行方式和社会功能的不同，网页界面设计又有其自身的特点和规律。网页界面设计应时刻围绕"信息传达"这一主题来进行，因此从根本上来看，它是一种以功能性为主的设计。网页界面设计的功能性主要体现在信息的传递功能和审美功能两个方面。网页界面设计以传递信息为主要功能，信息必须清晰、准确，具有明确的受众和宣传目标，注重时效性，在内容上由信息传递目标和技术实现手段综合作用而具有一定的规定性。网页界面从属于网页内容，其本身不可能独立存在。因而网页界面设计的审美功能不仅由界面形式所决定，很大程度上也受到操作顺畅程度、信息接受心理及信息接受形式等因素的影响，具有很明显的综合性。网页界面设计作为艺术形式，属于实用艺术范畴，它的艺术美感存在于实用性之中。而网页界面设计是以一种特殊的物质实体的形式存在的，它具有明确的实用功能，因而具有审美功能的发挥是依靠界面自身的形象实现。也就是说，发挥实用功能的界面实体与发挥审美功能的界面形象是同一的，它们具有同质同构的联系。界面是以一定的使用目的或物质功能为存在前提的，其审美功能必须以其使用目的为导向，即审美功能不能背离其使用目的。在构成网页界面审美功能的元素中，功能美与形式美是互为作用、互相联系的。

网页出现的初期，是直接利用文字符号和计算机语言来进行人机交流，界面只包含了基本的信息传递功能，界面的审美功能完全通过功能美来实现，并没有考虑到形式美的因素。随着计算机技术的进步，人们开始有了对精神层次特征的形式美的追求。今天互联网上众多的优秀网页界面设计作品都是通过功能美与形式美的紧密结合而表现出完整的审美价值。

一个界面具有的功能美，会使浏览者感到操作与交流的便利，并能够通过有效吸引视线的艺术形式清晰、准确、有力地传达信息。而操作与交流的便利性依赖于网页界面中的导航设计，从浏览者角度来说，导航设计是一种如何让网页界面易用、有效而让人愉悦地接受信息的传播，它致力于了解目标用户和他们的期望，了解目标用户在同网页界面交互时彼此的行为，了解"人"本身的心理和行为特点，同时，还包括了解各种导航交互方式，并对它们进行增强和扩充。通过的网页界面和人的行为进行交互设计，让网站和网民之间建立一种有机关系，从而可以有效达到传播目的，并不断在科技创新的刺激下衍生出新的形式。目前，网页界面中使用的多媒体视听元素主要有文字、图像、声音、视频等，随着网络带宽的增加、芯片处理速度的提高以及跨平台的多媒体文件格式的推广，必将促使设计者综合运用多种媒体元素来设计网页界面，从而大大丰富了网络媒体表现信息的视觉形式，拓宽了网络输出的带宽，提高用户接受信息的效率，以满足和丰富浏览者对网络信息传输质量提出的更高要求。

网页界面的形式美是通过艺术化的设计手法带给浏览者的愉悦感受和体会，反映在界面构成形式和技术形式两个主要方面。设计师通过各界面构成要素之间匀称和谐的比例、色彩配置的鲜明性与新颖性、形式的适宜性与完整性，以及形式与内容的统一性等方式，让浏览者参与审美活动，并将设计思想、情感通过媒体与表现技巧传达出来，以增强界面的艺术感染力，增强浏览者阅读的乐趣。由于网络媒体的结构特征和传播技巧决定了形式语言与其他媒体的差异性,网络媒体视觉形式主要可以分为框架结构形式、封面结构形式和开放结构形式等三种结构形式。框架结构形式在网站的版式设计运用中非常广泛,因为这种设计更符合网站制作技术的解决方案,框架结构形式是一种规范的、理性的分割方法,类似于报刊的版式。

这种版式给人以和谐、理性的美。框架结构形式是最有效地利用了有限的页面空间,最大可能提供信息的有效方式,所以框架结构形式是信息类和电子商务类网站主要采用的结构形式,有时根据内容的需要宣传展示类的网站也常用这种方式,如图2.1所示。同时也由于框架结构形式对用户的视觉流程有很好的引导作用,是一些组织网站、企业网站、个人网站等中小型网站常用的结构形式,如图2.2所示。封面结构形式也就是通常所说的形象导入页,这种结构形式一般没有庞杂的内容,通过一些精美的版式设计结合flash动画做动态的形象展示。随着宽带网络技术和网页制作技术的不断成熟,根据网站内容形式的需要,视频短片也开始被运用网站的形象导入页中,通过点击一个进入的主页链接按钮之后才能进入网站。这种设计效果简洁精美,给浏览者一个视觉美感和缓冲,并通过与平面构成元素的结合,以穿越时间与空间的能量,淋漓尽致地展示网站内涵与外延。这种结构形式一般用在一些企业网站、活动组织类网站、电影网站、个人主页和设计类网站等主题鲜明的中小型网站中,起到形象导入的作用。这些主题性和目的性非常明确的网站,可以充分利用平面设计构成的形式法则和flash技术强大的功能,结合封面结构形式的特点和设计原则,对网站主题进行诠释,并丰富了网站的视觉表现形式,如图2.3所示。开放结构形式是以图或文作为视觉中心,将各种信息要素和视觉要素向页面四周展开。所谓的视觉中心,可以在页面中心,可在页面的任意一点上。开放结构形式的特点是布局自由活泼、形式灵活多变、界面简洁美观。所以它在网站的设计应用中,更为大胆地综合运用了平面构成原理和形式法则。由于制作手法大多都采用目前非常流行的flash技术,页面所传达信息的视觉形式更丰富,特别是动静结合的构成关系,使网页具有动感强、画面流畅的视觉冲击感,同时也能给人舒适的互动体验感,是产品展示、企业形象宣传、个性展现很好的表现形式,如图2.4所示。开放结构形式适用于信息内容较少,以展示形象和个性为传播目的的宣传展示类网站。总之,不同的视觉结构形式有不同的传播目的,应该根据网站不同的主题内容和信息内容,合理地规划和运用视觉结构形式,使其获得更好的传播效果。网络技术与艺术创意的紧密结合,使网页的艺术设计由平面设计扩展到立体设计,由纯粹的视觉艺术扩展到空间听觉艺术,网页效果不再近似于书籍或报纸杂志等印刷媒体,而更接近于电影或电视的观赏效果。技术发展促进了技术与艺术的紧密结合,把浏览者带入一个真正现实中的虚拟世界。在网络媒体的交互应用中,互动形式的丰富性是不容置疑的。应用各种交互技术为网页界面提供了灵活多样的界面控制元素,这些控制元素可以很好地与数据模型相结合,创造出令人耳目一新的交互方式,带给人们全新的交互体验。网络媒体互动形式的应用主要可以分为互动展示和行为互动两种。互动展示指利用flash技术对产品进行交互方式的宣传和展示。行为互动则通过对鼠标行为的响应和反馈,页面构成关系产生一系列变化跳转到另一个页面,创造出动静结合的页面形式,以此来增强网络媒体的视觉说服和取悦受众的审美需求,从而达到有效的传播效果。

图 2.1　框架结构的网站应用

- 热点聚焦 -

- 闭幕会 -

- 开幕会 -

- 新闻发布会 -

- 视频报道 -

- 非凡十年 -

- 代表风采 -

图 2.2　框架结构的网站应用

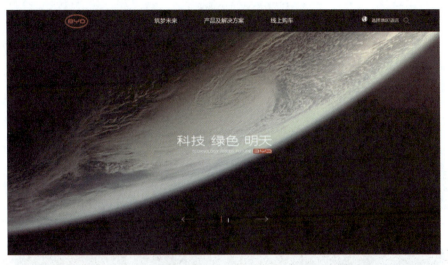

图 2.3　封面结构的网站应用

图 2.4   开放结构形式的网站应用

知识点

著名的界面设计九准则

原则一：专注于用户和他们的任务，而不是技术

了解用户；了解所执行的任务；考虑软件运行环境。

原则二：先考虑功能，再考虑展示

开发一个概念模型。

原则三：与用户看任务的角度一致

要争取尽可能自然;使用用户所用的词汇,而不是自己创造的;封装,不暴露程序的内部运作。

原则四:为常见的情况而设计

保证常见的结果容易实现;两类"常见":"很多人"与"很经常";

为核心情况而设计,不要纠结于"边缘"情况。

原则五:不要把用户的任务复杂化

不给用户额外的问题;清除那些用户经过琢磨推导才会用的东西。

原则六:方便学习

"从外向内"而不是"从内向外"思考;一致,一致,还是一致;

提供一个低风险的学习环境。

原则七:传递信息,而不是数据

仔细设计显示,争取专业的帮助;屏幕是用户的;保持显示的惯性。

原则八:为响应度而设计

即刻确认用户的操作;让用户知道软件是否在忙;

在等待时允许用户做别的事情;动画要做到平滑和清晰;

让用户能够终止长时间的操作;让用户能够预计操作所需的时间;

尽可能让用户来掌控自己的工作节奏。

原则九:让用户试用后再修改

测试结果会让设计(甚至是经验丰富的设计者)感到惊讶;

安排时间纠正测试发现的问题;测试有两个目的:信息目的和社会目的;

每一个阶段和每一个目标都要测试。

2.4　Photoshop 网页界面设计

Adobe Photoshop,简称"PS",是由 Adobe Systems 开发和发行的图像处理软件。Photoshop 主要处理以像素所构成的数字图像,使用其众多的编修与绘图工具,可以有效地进行图片编辑工作。PS 有很多功能,在图像、图形、文字、视频、出版等各方面都有涉及。

2003 年,Adobe Photoshop 8 被更名为 Adobe Photoshop CS。2013 年 7 月,Adobe 公司推出了最新版本的 Photoshop CC,自此,Photoshop CS6 作为 Adobe CS 系列的最后一个版本被新的 CC 系列取代。

Photoshop 被称为网页制作"三剑客"之一,是我们领略网站界面的窗口。

2.4.1　Photoshop 概述

(1) Photoshop 的工作界面

启动 Photoshop 后,就进入工作界面了,如图 2.5 所示。

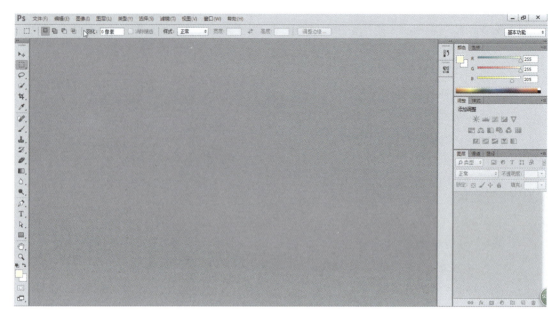

图 2.5　Photoshop 界面

1)标题栏和菜单栏

标题栏位于主窗口顶端,最左边是 Photoshop 标记,右边分别是最小化、最大化/还原和关闭按钮。菜单栏为整个环境下所有窗口提供菜单控制,包括:文件、编辑、图像、图层、选择、滤镜、视图、窗口和帮助九项,如图 2.6 所示。

图 2.6　Photoshop 菜单栏

2)属性栏(又称工具选项栏)

选中某个工具后,属性栏就会改变成相应工具的属性设置选项,可更改相应的选项,如图 2.7 所示。

图 2.7　Photoshop 属性栏

3)图像编辑窗口和状态栏

图像编辑窗口为操作界面中间窗口,它是 Photoshop 的主要工作区,用于显示图像文件,如图 2.8 所示。图像窗口带有自己的标题栏,提供了所打开文件的基本信息,如文件名、缩放比例、颜色模式等。如同时打开两幅图像,可通过单击图像窗口进行切换。图像窗口切换可使用"Ctrl+Tab"快捷键。

主窗口底部是状态栏。

文本行:说明当前所选工具和所进行操作的功能与作用等信息。

缩放栏:显示当前图像窗口的显示比例,用户也可在此窗口中输入数值后按回车键来改变显示比例。

预览框:单击其右边的黑色三角按钮,弹出菜单,选择任一命令,相应的信息就会在预览框中显示。

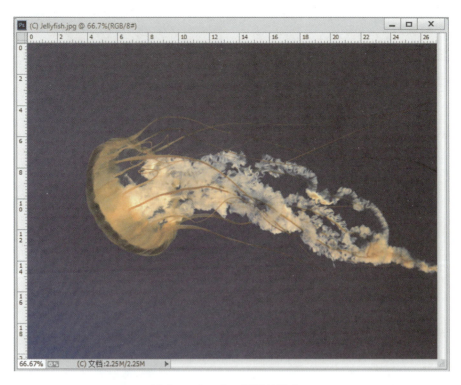

图 2.8　Photoshop 图像编辑窗口

文档大小:表示当前显示的图像文件的尺寸。左边的数字表示该图像不含任何图层和通道等数据情况下的尺寸,右侧的数字表示当前图像的全部文件尺寸。

文档配置文件:在状态栏上将显示文件的颜色模式。

文档尺寸:在状态档上将显示文档的大小(宽度和高度)。

暂存盘大小:已用和可用内存大小。

效率:代表 Photoshop 的工作效率。低于 60%则表示计算机硬盘可能已无法满足要求。

计时:执行上一次操作所花费的时间。

4)工具箱和控制面板

工具箱和控制面板如图 2.9 所示。

工具箱中的工具可用来选择、绘画、编辑以及查看图像。拖动工具箱的标题栏可移动工具箱。单击选中某工具,属性栏会显示该工具的属性。有些工具的右下角有一个小三角形符号,这表示在工具位置上存在一个工具组,其中包括若干个相关工具。单击左上角的双向箭头可以将工具栏变为单条竖排,再次单击则会还原为两竖排。

控制面板共有 14 个面板,可通过"窗口/显示"来显示面板。按"Tab"键,自动隐藏命令面板、属性栏和工具箱;再次按"Tab"键,显示以上组件。按"Shift+Tab"键,隐藏控制面板,保留工具箱。

(2)**Photoshop 的具体应用领域**

Photoshop 的应用领域很广泛,在图像处理、视频、出版各方面都有涉及。

①平面设计。平面设计是 Photoshop 应用最为广泛的领域,无论是人们正在阅读的图书

图 2.9　Photoshop 工具箱和控制面板

封面,还是大街上的招贴、海报,这些具有丰富图像的平面印刷品,基本上都需要 Photoshop 软件对图像进行处理。

②照片修复。Photoshop 具有强大的图像编辑修饰功能。利用这些功能,可以快速修复一张破损的老照片,也可以修复人脸上的斑点等缺陷。随着数码电子产品的普及,图形图像处理技术逐渐被越来越多的人所应用,如美化照片、制作个性化的影集、修复已经损毁的图片等。

③广告摄影。广告摄影作为一种对视觉要求非常严格的工作,其最终成品往往要经过 Photoshop 的修改才能得到满意的效果。广告的构思与表现形式是密切相关的。有了好的构思,接下来则需要通过软件来完成它,而大多数的广告是通过图像合成与特效技术来完成的。通过这些技术手段可以更加准确地表达广告的主题。

④包装设计。包装作为产品的第一形象最先展现在顾客的眼前,被称为"无声的销售员",只有在顾客被产品包装吸引并进行查阅后,才会决定会不会购买,可见包装设计是非常重要的。图像合成和特效的运用使得产品在琳琅满目的货架上越发显眼,达到吸引顾客的效果。

⑤插画设计。Photoshop 使很多人开始采用电脑图形设计工具创作插图。电脑图形软件功能使他们的创作才能得到了更大的发挥,无论简洁还是繁复,无论传统媒介效果(如油画、水彩、版画风格)还是数字图形无穷无尽的新变化、新趣味,都可以更方便更快捷地完成。

⑥影像创意。影像创意是 Photoshop 的特长,通过它的处理可以将原本风马牛不相及的对象组合在一起,也可以使用"狸猫换太子"的手段使图像发生面目全非的巨大变化。

⑦艺术文字。当文字遇到 Photoshop 处理,就已经注定不再普通。利用 Photoshop 可以使文字发生各种各样的变化,并利用这些艺术化处理后的文字为图像增加效果。利用 Photoshop 对文字进行创意设计,可以使文字变得更加美观,个性极强,使得文字的感染力大大加强。

⑧网页设计。网络的普及是促使更多人掌握 Photoshop 的一个重要原因。因为在制作网页时,Photoshop 是必不可少的网页图像处理软件。

⑨建筑后期效果图制作。在制作建筑效果图包括许多三维场景时,人物与配景包括场景的颜色常常需要在 Photoshop 中增加并调整。

⑩绘画。由于 Photoshop 具有良好的绘画与调色功能,许多插画设计制作者往往使用铅笔绘制草稿,然后用 Photoshop 填色的方法来绘画。

⑪三维渲染贴图。在三维软件中,如果能够制作出精良的模型,而无法为模型应用逼真的贴图,也无法得到较好的渲染效果。实际上,在制作材质时,除了要依靠软件本身具有材质功能外,利用 Photoshop 可以制作在三维软件中无法得到的合适的材质。

⑫婚纱照片设计。当前越来越多的婚纱影楼开始使用数码相机,这也使得婚纱照片设计的处理成为一个新兴的行业。

⑬视觉创意。视觉创意与设计是设计艺术的一个分支,此类设计通常没有非常明显的商业目的,但由于它为广大设计爱好者提供了广阔的设计空间,因此越来越多的设计爱好者开始学习 Photoshop,并进行具有个人特色与风格的视觉创意。视觉设计给观者以强大的视觉冲击力,引发观者的无限联想,给读者视觉上以极高的享受。

⑭图标设计。虽然使用 Photoshop 制作图标在感觉上有些大材小用,但使用此软件制作的图标的确非常精美。

⑮界面设计。界面设计是一个新兴的领域,已经受到越来越多的软件企业及开发者的重视,虽然暂时还未成为一种全新的职业,但相信不久一定会出现专业的界面设计师职业。当前还没有用于做界面设计的专业软件,因此绝大多数设计者使用的都是该软件。

2.4.2　Photoshop 图层的运用

(1)图层的概念

图层功能被誉为 Photoshop 的灵魂,它在图像处理中具有十分重要的地位。掌握图层的概念是学习 Photoshop 的基础。

在 Photoshop 中,一幅图像通常是由多个不同类型的图层通过一定的组合方式自下而上叠放在一起组成的,它们的叠放顺序以及混合方式直接影响着图像的显示效果。图层就好比一层透明的玻璃纸,透过这层纸,可以看到纸后面的东西,而且无论在这层纸上如何涂,都不会影响到其他层中的内容。图层面板是用来控制这些"透明玻璃纸"的工具,它不仅可以建立或删除图层以及调换各个图层的叠放顺序,还可以将各个图层混合处理,产生出许多意想不到的效果,如图 2.10 所示。

图 2.10　图层面板和相应的图层结构

(2)新建图层

在 Photoshop 中要实现图层的运用,首先得新建背景层。而图层面板中最下面的图像为背景层。一幅图像只能有一个背景。Photoshop 无法更改背景的堆叠顺序、混合模式或不透明度,但是可以将背景转换为常规图层。

新建背景层的方法有不同,可以通过菜单栏的"文件"→"新建"来添加,如图 2.11 所示,还可以按"Ctrl+N"键新建背景图层。

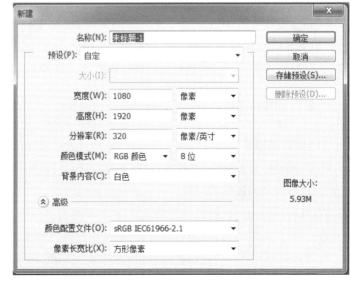

图 2.11　图层面板和相应的图层结构

可以在新建面板上设置图像的宽度、高度、分辨率和颜色模式。网页的尺寸单位通常为像素（px），色彩模式为RGB，分辨率分72 dpi或者96 dpi两种。创建新图像时，如果选择了"透明"选项，则该图像没有背景。那么最下面的图层不像背景图层那样受到限制，可以将它移到图层面板的任何位置，也可以更改其不透明度和混合模式。新建的背景图层是被锁定的。

（3）**移动图层**

在图层面板中，将要移动的图层拖动到想要的位置后，松开鼠标即可，此时图层的位置已改变，如图2.12所示。

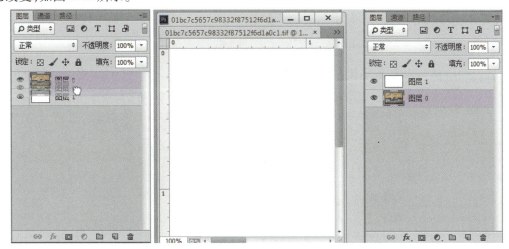

图2.12　移动图层效果图

（4）**复制图层**

同一图像内复制图层：将图层拖动到图层面板底部的"创建新的图层"按钮上即可，快捷键是"Ctrl+J"键，新图层根据其创建顺序被命名。

不同图像之间复制图层：首先打开要使用的两个图像，然后在源图像中激活要复制的图层。复制图层的方法有以下3种：

①执行"选择"→"全部"命令，或者按"Ctrl+A"快捷键选择当前层中的所有像素，执行"复制"命令，然后激活目的图像，再选择"粘贴"命令即可。

②在源图像文件中，将要复制的图层拖动到目的图像。

③使用工具箱中的移动工具，将当前图层从源图像拖动到目的图像。

（5）**删除图层**

当不需要某一图层时，应先选中该图层，然后将它删除，如图2.13所示。删除图层的方法有以下3种：

①执行"图层"→"删除"命令，即可将当前图层删除。

②在图层面板的菜单中选择"删除图层"命令，也可以删除当前图层。

③单击图层面板底部的"删除图层"按钮，或者将该图层拖动到"删除图层"按钮上即可，或者选择图层后直接按键盘上的"Delete"键。

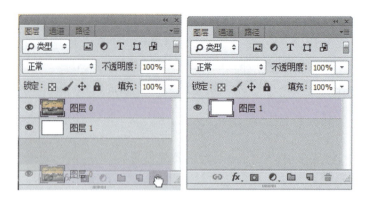

图 2.13　删除图层效果图

（6）链接图层

图层的链接功能可以方便移动多个层的图像以及合并图层，如图 2.14 所示。要使几个图层成为链接的层，可以用以下的方法：

图 2.14　链接图层效果图

先选择所有要链接的图层，然后单击图层面板最下边的"链接图层"按钮，这时要链接的图层后面多了个"锁链"图标，表示这些图层已相互链接起来了。

当要将链接的图层取消链接时，则单击一下"链接图层"按钮就取消链接了。

（7）合并图层

如果要合并图层，打开图层面板菜单，执行其中的命令即可，如图 2.15 所示。

合并图层：执行此命令，可以将当前作用层和被选中的图层合并，其他层保持不变。

合并可见图层：执行此命令，可将图像中所有显示的图层合并，而隐藏的图层不变。

拼合图层：执行此命令，可将图像中所有图层合并。

如果要合并多个不相邻的层，可以将这几个层先设定为链接的层，然后执行"图层面板"菜单中的"合并链接图层"命令，或者按"Ctrl+E"快捷键进行合并。

（8）图层样式

Photoshop 提供了可以应用到图层的特殊效果，如投影、发光、描边及斜面和浮雕等，如图 2.16 所示。

图 2.15　合并图层

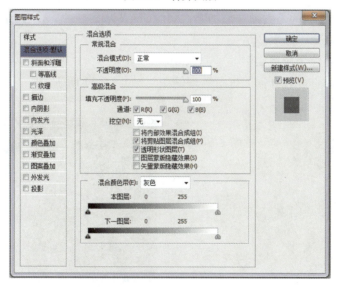

图 2.16　图层样式

应用图层样式后,图层面板中图层名称的右边将出现一个图标,图层效果被链接到图层内容上。在移动或编辑图层内容时,图层效果将发生相应的变化。

一个图层可以应用多种图层效果,但图层效果不能应用于背景图层,除非将图层转换为常规图层。

(9) 图层蒙版

图层蒙版可以理解为在当前图层上面覆盖一层玻璃片,这种玻璃片有透明的、半透明的、完全不透明的,然后用各种绘图工具在蒙版上(即玻璃片上)涂色(只能涂黑白灰色)。涂黑色的地方,蒙版变为透明的,看不见当前图层的图像;涂白色则使涂色部分变为不透明,可看到当前图层上的图像;涂灰色则使蒙版变为半透明,透明的程度由涂色的灰度深浅决定。图层蒙版是 Photoshop 中一项十分重要的功能。

蒙版虽然是种选区,但它跟常规的选区颇为不同。常规的选区表现了一种操作趋向,即将对所选区域进行处理;而蒙版却相反,它是对所选区域进行保护,让其免于操作,而对非掩盖的地方应用操作。

其实可以这样理解:首先 Photoshop 中的图层蒙版只能用黑白色及其中间的过渡色(灰色)。在蒙版中的黑色就是蒙住当前图层的内容,显示当前图层下面的层的内容;蒙版中的白色则是显示当前层的内容。蒙版中的灰色则是半透明状,前图层下面的层的内容若隐若现。

(10) 添加图层蒙版

图层面板最下面有一排小按钮,其中第三个长方形里边有个圆形的图案,它就是添加图层蒙版按钮,单击就可以为当前图层添加图层蒙版。(工具箱中的前景色和背景色不论之前是什么颜色,当我们为一个图层添加图层蒙版之后,前景色和背景色就只有黑白两色了)

执行"图层"→"图层蒙版"→"显示全部或者隐藏全部"命令,也可以为当前图层添加图层蒙版。隐藏全部对应的是为图层添加黑色蒙版,效果为图层完全透明,显示下面图层的内容;显示全部就是完全不透明。

案例操作:图层综合应用实例

①首先用 Photoshop 打开需要进行处理的图片,如图 2.17 所示。

图 2.17   打开图片

②将"孩子"的图像拉到花朵的画布中去。然后,使用 photoshop 打开图层面板,选中要添加蒙板的图层,然后单击添加蒙板按钮,如图 2.18 所示。

③将"孩子"图层用自由变换工具缩小。再用画笔工具选择合适的大小,选择黑色将被蒙版的图层多余部分遮住,如图 2.19 所示。

④转换"花瓣"图层,增加一个白色的图层为背景放在最下面一层,如图 2.20 所示。用魔棒工具选择"花瓣"图层的背景,去掉图层背景。

⑤添加图层样式,对花瓣加入外发光及投影等效果,如图 2.21 所示。

⑥最终效果如图 2.22 所示。

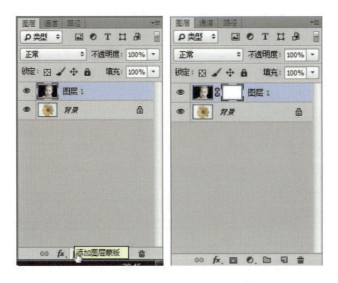

图 2.18　添加图层

图 2.19　添加蒙版

图 2.20　效果图

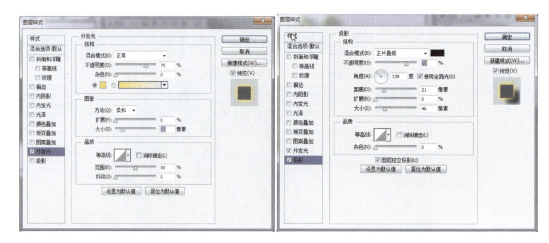

图 2.21   图层样式

图 2.22   效果图

2.4.3   Photoshop 在网页中的运用

　　Photoshop 的切片工具,是一种在网页制作中很实用的功能,它能根据需求截出图片中的任何一部分,同时一张图上可以切多个地方。Photoshop 的切片在"另存为"的时候就能将所切的各个部分分别保存一张图片,完全区分开来。所以说,在制作网页或者截取图片某一部分时,经常会用到这个工具。

　　切片分两种。一种是用户切片,就是用户用切片工具在图像上拉出来的切片;另一种就是衍生切片,是由用户切片衍生出来的。

案例操作:网页切片实例

打开原本准备好的一张图片,可以把图片直接拉到 Photoshop 中,也可以用菜单栏上的文件工具来打开文件,如图 2.23 所示。

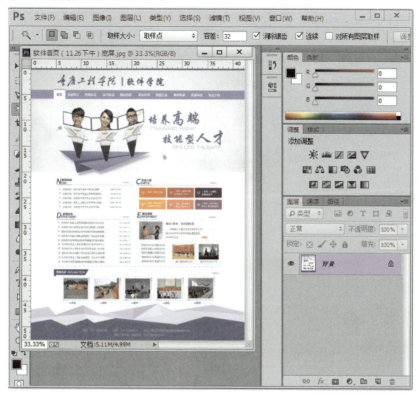

图 2.23　打开图片

把图片放到合适的大小,然后选择工具栏上的裁剪工具,然后长按鼠标左键,弹出小刀一样的工具,再选择"切片工具"。切片工具分为"切片工具"与"切片选择工具",如图 2.24 所示,可以通过按住"Ctrl"键来切换。

然后鼠标变成小刀样式,从需要切片的地方开始,然后向左或者向下拉动切片,就会出现一个四方形的区域块,这就是要切除的范围,直到觉得合适为止。每一个片块代码一个区域,其上都有蓝色数字标志。被选中的切片(见图 2.25),线框为浅棕色。

保存时,选择"文件"→"存储为 Web 所用格式",这是一种专门为网页制作设置的格式,切片分两种,一种是用户切片,就是用户用切片工具在图像上拉出来的切片,另一种就是衍生切片,是由用户切片衍生出来的。在切片名称上点击选编辑切片,会弹出来一个对话框,具体类型如下:图像指这个切片输出时会生成图像,反之输出时是空的名称,为切片定义一个名称 URL,为切片指定一个链接地址 target——在哪个窗口中打开 x,y 指切片的左上角的坐标,w,h 指切片的长度和宽度,也可自己定义节的长和宽,如图 2.26 所示。选择并储存,如图 2.27 所示。

这时,会弹出对话框如图 2.28 所示,可以通过右边的选项设置输出图片的格式、颜色模式等。

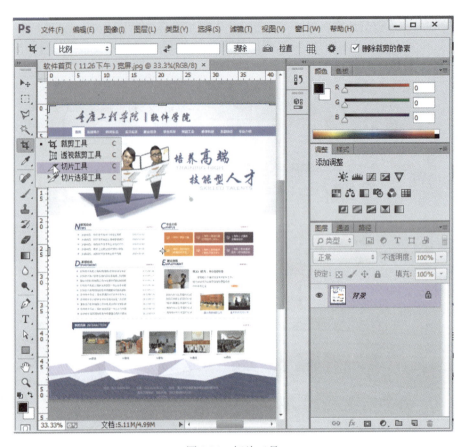

图 2.24　切片工具

图 2.25　切片

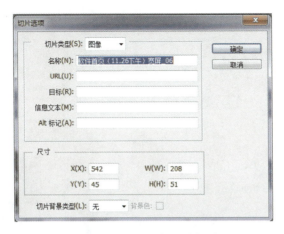

图 2.26　切片设置

图 2.27　切片储存

设置完成后,单击"存储"按钮,接着弹出有关储存设置的对话框(如图 2.29 所示),首先是文件的名字设置,有 3 种储存格式可供选择,分别是"HTML 和图片""仅限图片""仅限 HTML"。在设置对话框里,我们通常选择默认设置。最后是切片设置:"所有切片""所有用户切片""选中切片"。用户切片是用切片工具拉出来的那个区域形成的切片,它和衍生出来的切片的区别在于,它以醒目的深蓝色表示,而衍生切片是用灰色表示,衍生切片也可在切片名称上右击鼠标上升为用户切片。

完成设置后,将切好的图片储存到想要的文件夹里,这时我们会发现在文件夹里多了一个"images"的文件夹。这是自动生成的文件夹,在网页制作的时候,我们的图片通常都储存在这个文件夹里。

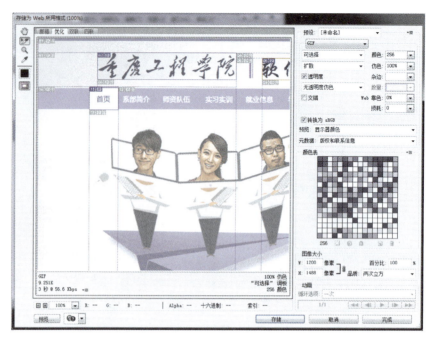

图 2.28　切片储存设置

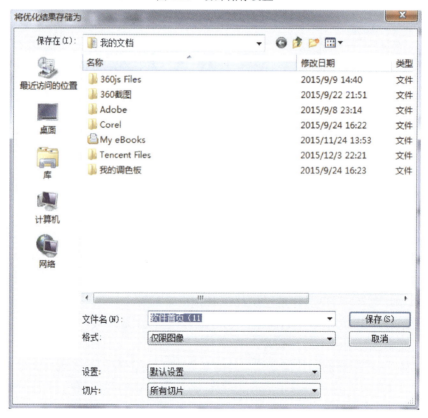

图 2.29　切片储存设置

思考题

为什么要对网页进行切片？

我们浏览网页的时候，由于网速影响，如果是插入一张整图，图片数据又相对较大，或许在打开网页时会等待很久才显示出这张图。如果把这张大图在 Photoshop 里切为很多块，分别存储，那每张图的数据量就小了很多，在开网页时，先读完数据的图片就先显示出来，感觉等待的时间变少了。实际比起来，这种方式的确也比整图显示要快点。

2.5　网页界面设计

网页界面设计既要遵循视觉设计的形式美法则，又要受到互联网规范的限制，所以在设计界面的时候，需要加倍注意版式的布局。

2.5.1　红色旅游网站设计

重庆这片传统的红色土地，孕育了一大批彪炳青史的共产党人，他们的红色故事早已融入我们的骨髓。《红岩》故事里的白公馆、渣滓洞等地方，围绕"文化+旅游+党性教育"深度融合，深挖文物故事，结合时事政治，创作以"红色旅游"为名的人机界面设计。

（1）红色旅游网站首页布局设计任务引入及分析

①网站主题：旅游展示型网站——— 红色旅游网站。

②网站结构：响应式网页布局设计。

该页面是以展示红岩精神为主的页面，以宣传主题为主要目的。页面头部大篇幅的 banner 图片，从视觉上加强浏览者的印象，用来达到宣传的效果。

③色彩分析：本案例整体色调以红色为主，同时以橙色和白色为辅色，衬托出红岩精神，同时激发阅览者爱国主义情怀。

④网站特点：该企业网站是宣传式的网站，常用于某一个特定的品牌。在这种网站中尤其强调品牌的宣传。经常采用 CSS 动画和 JavasSript 等特效让简约的网站有良好的用户体验。

⑤设计思想：本次设计的主题是红岩精神。因此，设计围绕"红"展开，导航的交互运用简单的色块，灵活采用渐变颜色。Banner 设计中采用照片图为背景字为主题的形式，突出文字，增加视觉冲击力。Menu 部分主副标题结合，用色彩来区分它们的主次。内容部分，图片设计规格有大小变化，文字除了大小变化，还添加了色彩的变化及图标，用以强调文字，如图 2.30 所示。

图 2.30   红色旅游网站

⑥版面结构(图 2.31)：

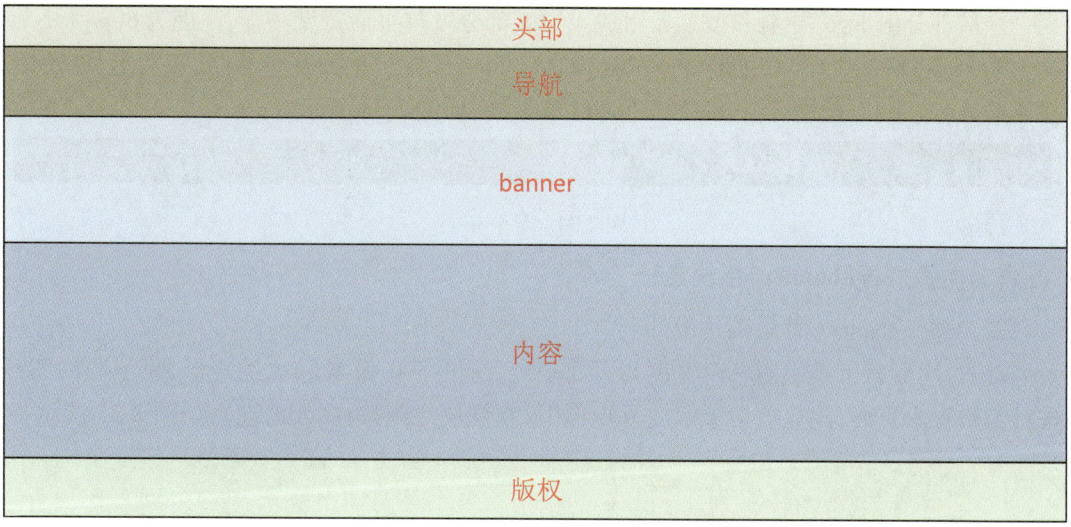

| 头部 |
| 导航 |
| banner |
| 内容 |
| 版权 |

图 2.31 版面结构

(2)首页头部及导航板块设计建立文件

①步骤一：建立画布。

打开 Photoshop 软件，单击菜单栏中的"文件"|"新建"命令，弹出"新建"窗口。名称改为"重庆红色旅游网"，设置好页面的宽度 1920 像素(px)，高度可稍微设定大一点，最后根据完成栏目后的高度来增加或裁切，如图 2.32 所示。

图 2.32 新建画布

②步骤二：logo 设计。

网页的 logo 一般可以在头部或者导航部分，这里我们用标准字来代替，放在导航栏位置与导航文字形成左右结构。logo 文字颜色为白色，如图 2.3 所示。

图 2.33 logo 布局

③步骤三:导航绘制。

导航部分由 logo、导航和搜索条组成。导航部分宽与页面宽度一样,高度为80px(不 超过120px)。背景颜色为红色渐变(#a11612,#bb2016),背景融入红色飘带,正片叠底 处理。在导航处背景做交互效果,底部加入2px的下划线,如图2.34所示。

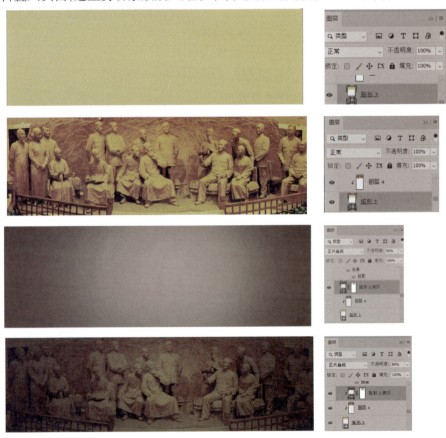

图 2.34　导航布局

(3)首页广告(banner)板块设计

①步骤一:banner 背景图片设计。

首先,用形状工具绘制一个宽度与页面一样,高度590像素(px)的矩形,将下载的图片进行编辑置入页面,建立剪切蒙版放入矩形中(在图层之间按住"Alt"键),如图2.35所示。

图 2.35　banner 背景图片

②步骤二:banner 文字设计。

Banner 的广告语为"伟大征程",将文字录入页面中,宋体是正式用文的一种字体,而标宋 的使用场景主要是标题,起突出、强调的作用,所以 banner 文字选用更为突出的大标宋。字体文颜色为白色,通过投影使字体更加突出,层次感更好。字录入后,设置文字样式,双击图层弹出"图层样式"对话框,如图 2.36 所示。

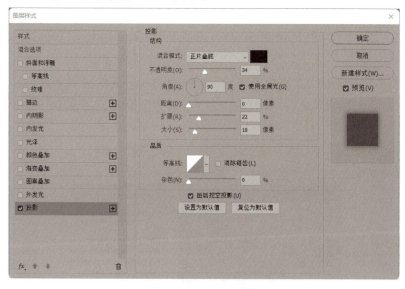

图 2.36 图层样式对话框

④搜索框设计

绘制宽 880px,高 60px 的圆角矩形,圆角矩形的弧度为 10px。圆角矩形边框线设置 1px,线框填充红色(#bd2115),内部颜色填充白色。如图 2.37 所示。

图 2.37 文字图层样式

绘制宽 160px,高 60px 的矩形作为搜索框按钮,填充红色(#bd2115),无边框。并将该矩形置入白色圆角矩形中,放到最右边。比并绘制放大镜,与按钮色块水平与垂 直方向居中对齐,填充白色,设置透明度为 50%。如图 2.38 所示。

图 2.38 文字图层样式

(4)首页内容(content 板块设计)

内容版块分为"资讯动态、红色景点、红色研学、红色游记"4 个版块,整体背景填充 浅灰色(#e7e7e7)。每个版块的布局都分别为文字列表、图片列表、图文列表等,根据 内容特色布局有所不同,可以使用户在视觉上体验不同的感官,提升用户体验。每个板块 内容背景为白色。文字分为标题,副标题、正文、辅助文字等。标题文字统一大小 42px,字体为"方正大标宋",颜色为红色。副标题与正文文字统一大小 16px,字体为"微 软雅黑",颜色为灰色(#606060)。文字列表增加加粗效果,颜色比正文文字略有加深,起到强调作用。

①资讯动态设计

这个栏目由标题、图片、文字列表组成。标题分为统一的大标题和内容标题。内容 标题字体大小为 30px,填充黄色(#d1b21a)。为了与背景区别开了,中添加了背板的 图层样式"投影",如图 2.39 所示。

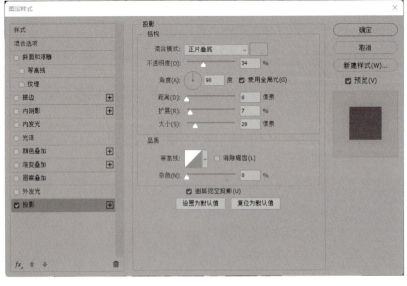

图 2.39　资讯动态样式

②红色景点设计

这个栏目由标题、图片列表组成。标题分为大标题和正文。图片均匀分别在栏目里,每张图片底部加入填充为黑色,透明度为 50%的矩形框,正文文字在矩形框中水平与 垂直方向居中,如图 2.40 所示。

③红色研学设计

这个栏目由标题、图片列表组成。标题分为大标题和图片标题。图片均匀分别在栏 目

图 2.40　红色景点样式

里,每张图片顶部加入填充为红色的矩形框,图片标题在矩形框中水平与垂直方向居中,字体加粗,如图 2.41 所示。

图 2.41　红色研学样式

④红色游记设计

这个栏目由标题、图文列表组成。标题分为大标题和图文标题。图片列表依次置于 栏目里,图文列表布局为左图右字,图片部分添加一些点赞、分享、浏览量等功能,文 字部分标题下方加入短线条作为装饰,在正文后面加入"更多"按钮,如图 2.42 所示。

图 2.42　红色游记中内容板块样式

(5)首页底部(footer)板块设计

网页底部包含友情链接和版权。这个部分的文字采用 12 px 字体,与正文区别。版权部分背景颜色采用与头部线条相同的蓝色,起到相互呼应的效果。

2.5.2 能力拓展:如何设计网页 banner?

一个成功的 banner 其实只需要 4 步,分别是构图、字体、配图、装饰。

(1)构图

首先,构图是一个 banner 设计中最基础的部分。其次,在做 banner 排版的时候,要根据 banner 的内容确定一个大概的构图,再去丰富版式的细节。

①左字右图:左字右图是最常见最容易掌握的排版,中规中矩,不易出错,如图 2.43 所示。

图 2.43   左字右图

②左图右字:左图右字和左字右图差不多,首先要根据素材图片的构图和走向确定图片是适合放在左边还是右边,再做文案的排版。左图右字也是属于比较常规不容易出错的构图,如图 2.44 所示。

③左中右构图:左中右构图一般为左图中字右图或者左字中图右字。这种构图比左右构图版式会丰富点,但是比它们难把握。如果 banner 上要出现两个人物,比较适合左中右构图,或者想要重点突出人物,也可以把人物居中,把文案放在人物两侧,图 2.45 所示。

④上下构图:上下构图一般为上字下图。上下构图不好掌握,常见于一个 Banner 中要出现多个人物,多个人物在左右构图里不好摆放,如图 2.46 所示。

图 2.44　左图右字

图 2.45　左中右构图

图 2.46　上下构图

⑤文字作为主体居中:图片作为背景起到一个装饰的作用,或者没有图片素材。常见于文案内容比较抽象、不方便或者不需要用到图片素材、不知道用什么图片素材去表达画面内容,没有一个代表性的图片素材作为画面主体的情况,如图 2.47 所示。

图 2.47　文字作为主体居中

⑥不规则构图:不规则构图最难把握,相对的,最有设计感。不规则构图如果把握得好,版式的丰富会给人眼前一亮的感觉。其实不规则构图也是在常规构图的基础上再做一些变化,万变不离其宗,如图 2.48。

图 2.48　不规则构图

(2)字体

正确选择字体在 banner 设计中也是非常重要的,字体的气质和画面的气质要一致,这样画面看起来才是一个和谐的整体。字体主要分为两类,一类是系统字体,一类是设计师自己设计的字体。

①用宋体和细黑体表达文艺、品质感的气质,如图 2.49 所示。

图 2.49

②根据画面的气质做相应的选择,如图 2.50 所示。

图 2.50

③字体设计(图 2.51)

图 2.51

（3）配色

配色用得最多的两种方法：第一，把素材黑白化，再根据文案和人物的气质选取一个合适的颜色。第二，从素材里面直接吸取合适的颜色，再调节饱和度和明度，调出一个基本色，再取基本色的对比色、近似色等等作为辅助色，如图 2.52 所示。

图 2.52

（4）装饰

装饰常见于点、线、面或者一些手绘的元素等等，在确定基本的构图和配色之后，加入一点小元素和小装饰，会让画面更有细节，更有设计感，如图 2.53 所示。

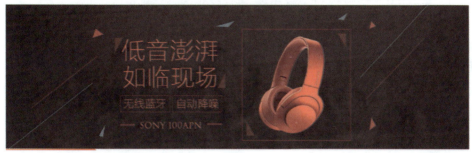

图 2.53

第3章　界面制作技术

目前大多数的网页都是采用 HTML 或者将其他程序(脚本)语言嵌入在 HTML 中编写的。HTML5 是 HTML 的新版本,但 HTML 不再仅仅是一种标记语言,而被广泛英语 Web 前端开发的下一代 Web 语言。HTML5 为 Web 应用开发提供全新的框架和平台。网页中的元素很多,但是需要特定的标签来表示,还需要一种技术对网页的页面布局、背景、颜色等效果进行更加精确的控制,这种技术就是 CSS。而 CSS3 是 CSS 技术的最新版本,目前得到大多数浏览器的支持。在本章内容中,我们将会对网页相关的概念、HTML5 语言、CSS3 进行详细讲述。

3.1　Internet 和 Web 基础

Internet 是一个全球性的计算机互联网络,由不同地区且规模大小不一的网络互相连接而成。所有人都可以通过网络的连接来共享和使用 Internet 中各种各样的信息。随着 Internet 的快速发展,它已经深刻地影响和改变着我们的生活和世界。

3.1.1　了解万维网、IP 和域名、HTTP、FTP

(1)万维网

WWW 是环球信息网的缩写,(亦作"Web""WWW""'W3'",英文全称为"World Wide Web"),中文名字为"万维网""环球网"等,常简称为 Web。分为 Web 客户端和 Web 服务器程序。WWW 可以让 Web 客户端(常用浏览器)访问浏览 Web 服务器上的页面。是一个由许多互相链接的超文本组成的系统,通过互联网访问。在这个系统中,每个有用的事物,统称为"资源";并且由一个全局"统一资源标识符"(URI)标识;这些资源通过超文本传输协议(Hypertext Transfer Protocol)传送给用户,而后者通过点击链接来获得资源。

万维网联盟(World Wide Web Consortium,简称"W3C"),又称 W3C 理事会。1994 年 10 月在麻省理工学院(MIT)计算机科学实验室成立。万维网联盟的创建者是万维网的发明者蒂姆·伯纳斯-李。

万维网并不等同于互联网,万维网只是互联网所能提供的服务其中之一,是靠着互联网运行的一项服务。

（2）HTTP

HTTP 是 Hypertext Transfer Protocol 的缩写,即超文本传输协议。顾名思义,HTTP 提供了访问超文本信息的功能,是 WWW 浏览器和 WWW 服务器之间的应用层通信协议。HTTP 协议是用于分布式协作超文本信息系统的、通用的、面向对象的协议。通过扩展命令,它可用于类似的任务,如域名服务或分布式面向对象系统。WWW 使用 HTTP 协议传输各种超文本页面和数据。

HTTP 协议会话过程包括 4 个步骤。

①建立连接:客户端的浏览器向服务端发出建立连接的请求,服务端给出响应就可以建立连接了。

②发送请求:客户端按照协议的要求通过连接向服务端发送自己的请求。

③给出应答:服务端按照客户端的要求给出应答,把结果（HTML 文件）返回给客户端。

④关闭连接:客户端接到应答后关闭连接。

HTTP 协议是基于 TCP/IP 之上的协议,它不仅保证正确传输超文本文档,还确定传输文档中的哪一部分,以及哪部分内容首先显示（如文本先于图形）等。

文件传输协议（FTP）是 Internet 中用于访问远程机器的一个协议,它使用户可以在本地机和远程机之间进行有关文件的操作。FTP 协议允许传输任意文件并且允许文件具有所有权与访问权限。也就是说,通过 FTP 协议,可以与 Internet 上的 FTP 服务器进行文件的上传或下载等动作。

和其他 Internet 应用一样,FTP 也采用了客户端/服务器模式,它包含客户端 FTP 和服务器 FTP,客户端 FTP 启动传送过程,而服务器 FTP 对其做出应答。在 Internet 上有一些网站,它们依照 FTP 协议提供服务,让网友们进行文件的存取,这些网站就是 FTP 服务器。网上的用户要连上 FTP 服务器,就是用到 FTP 的客户端软件。通常 Windows 都有 FTP 命令,这实际就是一个命令行的 FTP 客户端程序,另外常用的 FTP 客户端程序还有 CuteFTP、LeapFTP、FlashFXP 等。HTTP 将用户的数据,包括用户名和密码都明文传送,具有安全隐患,容易被窃听到,对于具有敏感数据的传送,可以使用具有保密功能的 HTTPS（Secure Hypertext Transfer Protocol）协议。

（3）IP 地址和域名

1）IP 地址

IP 即网络之间互连的协议,英文缩写为"Internet Protocol",中文缩写为"网协"。也就是为计算机网络相互连接进行通信而设计的协议。在因特网中,它是能使连接到网上的所有计算机网络实现相互通信的一套规则,规定了计算机在因特网上进行通信时应当遵守的规则。任何厂家生产的计算机系统,只要遵守 IP 协议就可以与因特网互连互通。IP 地址具有唯一性,根据用户性质的不同,可以分为 5 类。另外,IP 还有进入防护、知识产权、指针寄存器等含义。

理解 IP 还需要了解 IP 工作的基本原理(可以通过网络互联与数据包传送这两个概念来理解)。

A.网络互联

网协是怎样实现的？网络互连设备,如以太网、分组交换网等,它们相互之间不能互通,不能互通的主要原因是因为它们所传送数据的基本单元(技术上称之为"帧")的格式不同。IP 协议实际上是一套由软件、程序组成的协议软件,它把各种不同"帧"统一转换成"网协数据包"格式,这种转换是因特网的一个最重要的特点,使所有各种计算机都能在因特网上实现互通,即具有"开放性"的特点。

B.数据包

数据包也是分组交换的一种形式,就是把所传送的数据分段打成"包",再传送出去。但是,与传统的"连接型"分组交换不同,它属于"无连接型",是把打成的每个"包"(分组)都作为一个"独立的报文"传送出去,所以叫作"数据包"。这样,在开始通信之前就不需要先连接好一条电路,各个数据包不一定都通过同一条路径传输,所以叫作"无连接型"。这一特点非常重要,它大大提高了网络的坚固性和安全性。每个数据包都有报头和报文这两个部分,报头中有目的地址等必要内容,使每个数据包不经过同样的路径都能准确地到达目的地。在目的地重新组合还原成原来发送的数据。这就要 IP 具有分组打包和集合组装的功能。

在传送过程中,数据包的长度为 30 000 B(1 B＝8 bit)。另外,特别注意的是,IP 数据包指一个完整的 IP 信息,即 IP 数据包格式中各项的取值范围或规定,如版本号可以是 4 或者 6,IP 包头长度可以是 20~60 B,总长度不超过 65 535 B,封装的上层协议可以是 tcp 和 udp 等。

C.分片与重组

分片后的 IP 数据包,只有到达目的地才能重新组装。重新组装由目的地的 IP 层来完成,其目的是使分片和重新组装过程对传输层(TCP 和 UDP)是透明的。已经分片过的数据包有可能会再次进行分片(不止一次)。

IP 分片原因:链路层具有最大传输单元 MTU 这个特性,它限制了数据帧的最大长度,不同的网络类型都有一个上限值。以太网的 MTU 是 1 500,你可以用 netstat-i 命令查看这个值。如果 IP 层有数据包要传,而且数据包的长度超过了 MTU,那么 IP 层就要对数据包进行分片(fragmentation)操作,使每一片的长度都小于或等于 MTU。我们假设要传输一个 UDP 数据包,以太网的 MTU 为 1 500 B,一般 IP 首部为 20 B,UDP 首部为 8 B,数据的净荷(payload)部分预留是(1 500-20-8)B＝1 472 B。如果数据部分大于 1 472 B,就会出现分片现象。

D.IP 地址

IP 协议中还有一个非常重要的内容,那就是给因特网上的每台计算机和其他设备都规定了一个唯一的地址,叫作"IP 地址"。由于有这种唯一的地址,才保证了用户在连网的计算机上操作时,能够高效而且方便地从千千万万台计算机中选出自己所需的对象来。如今电信网正在与 IP 网走向融合,以 IP 为基础的新技术是热门的技术,如用 IP 网络传送话音的技术(即 VoIP)就很热门,其他如 IP overATM、IPoverSDH、IP over WDM 等等,都是 IP 技术的研究重点。

所谓 IP 地址就是给每个连接在互联网上的主机分配的一个 32 位地址。

IP 地址就好像电话号码(地址码):有了某人的电话号码,你就能与他通话了。同样,有了某台主机的 IP 地址,你就能与这台主机通信了。

按照 TCP/IP(Transport Control Protocol/Internet Protocol,传输控制协议/Internet 协议)协议规定,IP 地址用二进制来表示,每个 IP 地址长 32bit,比特换算成字节,就是 4 个字节。例如一个采用二进制形式的 IP 地址是一串很长的数字,人们处理起来也太费劲了。为了方便人们的使用,IP 地址经常被写成十进制的形式,中间使用符号"."分开不同的字节。于是,上面的 IP 地址可以表示为"10.0.0.1"。IP 地址的这种表示法叫作"点分十进制表示法",这显然比 1 和 0 容易记忆得多。

有人会以为,一台计算机只能有一个 IP 地址,这种观点是错误的。我们可以指定一台计算机具有多个 IP 地址,因此在访问互联网时,不要以为一个 IP 地址就是一台计算机;另外,通过特定的技术,也可以使多台服务器共用一个 IP 地址,这些服务器在用户看起来就像一台主机似的。将 IP 地址分成了网络号和主机号两部分,设计者就必须决定每部分包含多少位。网络号的位数直接决定了可以分配的网络数(计算方法 2^网络号位数);主机号的位数则决定了网络中最大的主机数(计算方法 2^主机号位数-2)。然而,由于整个互联网所包含的网络规模可能比较大,也可能比较小,设计者最后聪明地选择了一种灵活的方案:将 IP 地址空间划分成不同的类别,每一类具有不同的网络号位数和主机号位数。

IP 地址是 IP 网络中数据传输的依据,它标识了 IP 网络中的一个连接,一台主机可以有多个 IP 地址。IP 分组中的 IP 地址在网络传输中是保持不变的。

- 基本格式

如今的 IP 网络使用 32 位地址,以点分十进制表示,如 192.168.0.1。

地址格式为:IP 地址=网络地址+主机地址或 IP 地址=网络地址+子网地址+主机地址。

网络地址是因特网协会的 ICANN(the Internet Corporation for Assigned Names and Numbers)分配的,下有负责北美地区的 InterNIC、负责欧洲地区的 RIPENIC 和负责亚太地区的 APNIC 目的是为了保证网络地址的全球唯一性。主机地址是由各个网络的系统管理员分配。因此,网络地址的唯一性与网络内主机地址的唯一性确保了 IP 地址的全球唯一性。

- 地址分配

根据用途和安全性级别的不同,IP 地址还可以大致分为两类:公共地址和私有地址。公用地址在 Internet 中使用,可以在 Internet 中随意访问。私有地址只能在内部网络中使用,只有通过代理服务器才能与 Internet 通信。

- IP 查询

Windows 操作系统下,开始→运行,输入 cmd→在弹出的对话框里输入 ipconfig /all(网协配置、参数变量为全部),然后回车出现列表.,其中有一项:IP address 就是 IP 地址。

Linux 操作系统下,运行 ifconfig(网协配置)其中以太网下面 inet 地址即为 IP 地址。

●IP 协议

①Internet 体系结构：一个 TCP/IP 互联网提供了三组服务。最底层提供无连接的传送服务为其他层的服务提供了基础。第二层一个可靠的传送服务为应用层提供了一个高层平台。最高层是应用层服务。

②IP 协议：这种不可靠的、无连接的传送机制称为 Internet 协议。

③IP 协议 3 个定义：

a.IP 定义了在 TCP/IP 互联网上数据传送的基本单元和数据格式。

b.IP 软件完成路由选择功能，选择数据传送的路径。

c.IP 包含了一组不可靠分组传送的规则，指明了分组处理、差错信息发生以及分组的规则。

④IP 数据包：联网的基本传送单元是 IP 数据包，包括数据报头和数据区部分。

⑤IP 数据包封装：物理网络将包括数据包报头的整个数据包作为数据封装在一个帧中。

⑥MTU 网络最大传送单元：不同类型的物理网对一个物理帧可传送的数据量规定不同的上界。

⑦IP 数据包的重组：一是在通过一个网络重组；二是到达目的主机后重组。后者较好，它允许对每个数据包段独立地进行路由选择，且不要求路由器对分段存储或重组。

⑧生存时间：IP 数据包格式中设有一个生存时间字段，用来设置该数据包在联网中允许存在的时间，以秒为单位。如果其值为 0，就把它从互联网上删除，并向源站点发回一个出错消息。

⑨IP 数据包选项：

IP 数据包选项字段主要是用于网络测试或调试。包括：记录路由选项、源路由选项、时间戳选项等。

路由和时间戳选项提供了一种监视或控制互联网路由器路由数据包的方法。

2）域名

域名（Domain Name），是由一串用点分隔的名字组成的 Internet 上某一台计算机或计算机组的名称，用于在数据传输时标识计算机的电子方位（有时也指地理位置，地理上的域名，指代有行政自主权的一个地方区域）。域名是一个 IP 地址上有"面具"。一个域名的目的是便于记忆和沟通的一组服务器的地址（网站，电子邮件，FTP 等），世界上第一个注册的域名是在 1985 年 1 月注册的，机构域名表见表 3.1。

表 3.1　机构域名表

域名	表示的组织或机构的类型	域名	表示的组织或机构的类型
com	商业机构	firm	商业或公司
edu	教育机构或设施	store	商场
gov	非军事性的政府机构	web	和 WWW 有关的实体
int	国际性机构	arts	文化娱乐

续表

域名	表示的组织或机构的类型	域名	表示的组织或机构的类型
mil	军事机构或设施	arc	消遣性娱乐
net	网络组织或机构	info	信息服务
org	非营利性组织机构	nom	个人

(4) FTP

FTP 是 File Transfer Protocol(文件传输协议)的英文简称,中文简称为"文传协议",用于 Internet 上的控制文件的双向传输。同时,它也是一个应用程序(Application)。基于不同的操作系统有不同的 FTP 应用程序,而所有这些应用程序都遵守同一种协议以传输文件。在 FTP 的使用中,用户经常遇到两个概念:"下载"(Download)和"上传"(Upload)。"下载"文件就是从远程主机拷贝文件至自己的计算机上;"上传"文件就是将文件从自己的计算机中拷贝至远程主机上。用 Internet 语言来说,用户可通过客户机程序向(从)远程主机上传(下载)文件。

3.1.2　Web 浏览器和帮助文档

互联网有很多的浏览器,罗列几款主流的排版引擎及浏览器。

(1) Trident 内核(Windows)

Trident 就是大名鼎鼎的 IE 浏览器所使用的内核,也是很多浏览器所使用的内核,通常被称为 IE 内核。Trident 内核的常见浏览器有:IE6、IE7、IE8(Trident 4.0)、IE9(Trident 5.0)、IE10(Trident 6.0)、世界之窗、360 安全浏览器、傲游、搜狗浏览器等等。其中部分浏览器的新版本是"双核"甚至是"多核",其中一个内核是 Trident,然后再增加一个其他内核。国内的厂商一般把其他内核叫作"高速浏览模式",而 Trident 则是"兼容浏览模式",用户可以来回切换。

(2) Gecko(跨平台)

Netscape6 启用的内核,现在主要由 Mozilla 基金会进行维护,是开源的浏览器内核,目前最主流的 Gecko 内核浏览器是 Mozilla Firefox,所以也常常称之为火狐内核。因为 Firefox 的出现,IE 的霸主地位逐步被削弱,Chrome 的出现则是加速了这个进程。非 Trident 内核的兴起正在改变着整个互联网,最直接的就是推动了编码的标准化,也使得微软在竞争压力下不得不改进 IE。常见的 Gecko 内核的浏览器:Mozilla Firefox、Mozilla SeaMonkey。

(3) WebKit(跨平台)

WebKit 由 KHTML 发展而来,是苹果公司给开源世界的一大贡献,也是目前最火热的浏览器内核,火热倒不是说市场份额,而是应用的面积和势头。因为发源于 KHTML,所以也具有高速的特点,同样遵循 W3C 标准。从目前看来,WebKit 内核是最有潜力而且是已经有相当成绩的新兴内核,性能非常好,而且对 W3C 标准的支持很完善,也逐步成为开发爱好者的主要测试浏览器。常见的 WebKit 内核的浏览器:Apple Safari(Win/Mac/iPhone/iPad)、Symbian 手机浏览器、Android 默认浏览器。

绝大多数主流浏览器的新版本都支持 HTML5,Chrome 浏览器和 firefox 浏览器对 HTML5 有更好的支持。一些网站,如:http://html5test.com,http://chrome.360.cn/test/html5 都对浏览器对 HTML5 的支持程度进行了测试。

Web 前端开发设计 HTML5、CSS3、JavasSript、jQuery 等诸多内容,而且很多内容还在不断更新变化,学习过程中涉及的标记、属性、方法、事件需要通过查阅文档来学习。可以到 http://www.w3school.com.cn/上进行查阅,也可以下载离线文件。

作为前端开发,选择合适的开发工具、浏览器,配置好服务器,并能正确地使用帮助文档,学习和开发会起到事半功倍的作用。

3.1.3 统一资源定位符和域名

统一资源定位符(Uniform Resource Locator 简称为 URL)是 Web 页的地址,这种地址会在浏览器顶部附近的 Location 或者 URL 框内显示出来。当鼠标指针移至某个超链接上方时,URL 也会在屏幕的底部显示出来。

URL 由两个主要的部分构成:协议(Protocol)和目的地(Destination)。

"协议"部分告诉我们自己面对的是何种类型的 Internet 资源。Web 中最常见的协议是 http,它表示从 Web 中取回的是 HTML 文档。其他协议还有 gopher,ftp 和 telnet 等。

目的地可以是某个文件名、目录名或者某台计算机的名称。例如 http://www.zjou.edu.cn/index.html。这样的一个 URL 能让浏览器知道 HTML 文档的正确位置以及文件名是什么。假如 URL 是 ftp://ftp.netscape.com/,浏览器就知道自己该登录进入一个 FTP 站点,这个站点位于名为 netscape.com 的一台网络计算机内。

"统一资源定位符(URL)"用来定义 Web 网页的地址。

主机名=域名或 IP 地址。

用户只需在浏览器地址栏中输入 URL 即可。

URL 的格式:协议名://主机名[:端口号]/[路径名/⋯/文件名]

例 1:重庆工程学院网站

http://www.cqie.edu.cn

例 2:新华社十九大专题首页

http://www.xinhuanet.com/politics/19cpcnc/xhstg.htm

例 3:北京大学 FTP 服务器

ftp://ftp.pku.edu.cn

域名(Domain Name),简称域名、网域,是由一串用点分隔的名字组成的 Internet 上某一台计算机或计算机组的名称,用于在数据传输时标识计算机的电子方位(有时也指地理位置)。我们访问一个网站,其实是在访问它对应的服务器 IP 地址如:208.200.150.4,但由于记这么一长串的数字太麻烦,人们就用一个比较好记的特别的唯一的名字来与 IP 地址进行绑定如 www.sina.com.cn,这串字符就是域名,这个过程就被称为域名绑定。

3.1.4　认识 HTML

网页(Web Page)是构成网站的基本元素,是承载各种网站应用的平台。

网页实际上是一个文件,存放在世界某个角落的某一台计算机中,而这台计算机必须是与互联网相连的。网页经由网址 URL 来识别与存取,当用户在浏览器地址栏中输入网址之后,经过一段复杂而又快速的程序运作,网页文件就会被传送到用户的计算机中,再通过浏览器解释网页的内容,最终展示到用户的眼前。

网页有多种分类,笼统意义上的分类是动态页面和静态页面。

静态页面多通过网站设计软件来进行重新设计和更改,技术实现上相对比较滞后。当然,现在的某些网站管理系统也可以直接生成静态页面,这种静态页面通常可称为伪静态。静态页面内容是固定的,其后缀名通常为.htm、.html、.shtml 等。

动态页面是通过执行 ASP、PHP、JSP 等程序生成客户端网页代码的网页,通常可通过网站后台管理系统对网站的内容进行更新和管理,如发布新闻、发布公司产品、交流互动、博客和网上调查等,都是动态网站功能的一些具体表现。

(1)HTML 概述

HTML(Hyper Text Markup Language,超文本标记语言)是用来描述 WWW 上超文本文件的语言,HTML 文件可对多平台兼容,通过网页浏览器能够在任何平台上阅读。

HTML 的英语意思是:Hypertext Marked Language,即超文本标记语言,是一种用来制作超文本文档的简单标记语言。超文本传输协议规定了浏览器在运行 HTML 文档时所遵循的规则和进行的操作,HTTP 协议的制定使浏览器在运行超文本时有了统一的规则和标准。用 HTML 编写的超文本文档称为 HTML 文档,它能独立于各种操作系统平台,自 1990 年以来 HTML 就一直被用作 WWW(World Wide Web,也可简写 WEB,中文叫作万维网)的信息表示语言,使用 HTML 语言描述的文件,需要通过 Web 浏览器显示出效果。

HTML 只是一个纯文本文件。创建一个 HTML 文档,只需要两个工具,一个是 HTML 编辑器,一个 Web 浏览器。HTML 编辑器是用于生成和保存 HTML 文档的应用程序。Web 浏览器是用来打开 WEB 网页文件,提供给我们查看 WEB 资源的客户端程序。

所谓超文本,是因为它可以加入图片、声音、动画、影视等内容,事实上每一个 HTML 文档都是一种静态的网页文件,这个文件里面包含了 HTML 指令代码,这些指令代码并不是一种程序语言,它只是一种排版网页中资料显示位置的标记结构语言,易学易懂,非常简单。HTML 的普遍应用就是带来了超文本的技术——通过单击鼠标从一个主题跳转到另一个主题,从一个页面跳转到另一个页面与世界各地主机的文件链接,直接获取相关的主题。

(2)超文本

超文本(Hypertext)是由网页浏览器(Web browser)的程序显示的,网页浏览器从网页服务器取回称为"文档"或"网页"的信息并显示,通常是显示在计算机显示器。人可以跟随网页上的超链接(Hyperlink),再取回文件,甚至也可以送出数据给服务器。顺着超链接走的行为又叫浏览网页。相关的数据通常排成一群网页,又叫网站。

(3)网页、网页文件及网站

网页是网站的基本信息单位,是 WWW 的基本文档。它由文字、图片、动画、声音等多种媒体信息以及链接组成,是用 HTML 编写的,通过链接实现与其他网页或网站的关联和跳转。

网页文件是用 HTML(标准通用标记语言下的一个应用)编写的,可在 WWW 上传输,能被浏览器识别显示的文本文件。其扩展名是".htm"和".html"。

网站由众多不同内容的网页构成,网页的内容可体现网站的全部功能。通常把进入网站首先看到的网页称为首页或主页(homepage),例如:新浪、网易、搜狐就是国内比较知名的大型门户网站;淘宝、京东、唯品会就是国内比较知名的电商网站。

3.1.5　网页开发工具简介

HTML 文档编辑工具,如记事本、notepad++、editplus 等文本编辑器,一般用于简单的网页或应用程序开发;Dreamweaver 是可视化的网站开发工具,面向专业或不专业的设计人员;集成开发环境 webstorm、eclipse 等,提供了对 HTML5、CSS3、JavaScript 的支持,能显著提高开发效率。

3.2　HTML、CSS 与 JavasSript 三者的关系

一个基本的网站包含很多个网页,最基本的网页由 HTML、CSS 和 JavaScript 组成。

简单的来说,初学者更容易理解,假设 HTML 是一个一个的实物,通过某种容器将它们堆砌起来;CSS 用来装饰这些容器,比如刷颜色,改变它们的位置及大小;JavasSript 可以让它们产生动画,与用户产生交互。

HTML 是用来描述网页的一种语言,它不是一种编程语言,而是一种标记语言(标记标签),总的来说,HTML 使用标记标签来描述网页。

CSS 的官方名字叫层叠样式表,它的出现是为了解决内容和表现分离的问题,一般存放在".CSS"文件里。

JavasSript 是脚本语言,它是连接前台(HTML)和后台服务器的桥梁,它是操纵 HTML 的能手。

后面的章节我们再做详细说明。

3.3　网页结构基础

HTML 文档可以分为文档头和文档体两部分。文档头的内容包括网页语言、关键字、字

符集的定义等;文档体中的内容就是页面要展示的内容。文档结构描述使用 HTML、HEAD、BODY 等元素。在 HTML5 版本中,有一个比较重大的变化就是增加了很多新的结构元素,如 artice、section、aside 等,它们拥有更强的语义化,使文档结构更加清晰。

3.3.1　网页基本结构

HTML 文档基本结构

在 HTML 网页文档的基本结构中主要包含以下几种标记。

(1)HTML 文件标记

<HTML>和</HTML>标签放在网页文档的最外层,表示这对标记间的内容是 HTML 文档。<HTML>放在文件开头,</HTML>放在文件结尾,在这两个标记中间嵌套其他标签。

(2)HEAD 文件头部标签

文件头用<HEAD>和</HEAD>标签,该标签出现在文件的起始部分。标签内的内容不在浏览器中显示,主要用来说明文件的有关信息,如文件标题、作者、编写时间、搜索引擎可用的关键词等。

①<title>标签

在 HEAD 标记内最常用的标签是网页主题标记,即 title 标签。title 标签语法,<title>网页标题</title>。网页标题是提示网页内容和功能的文字,它将出现在浏览器的标题栏中。一个网页只能有一个标题,并且只能出现在文件的头部。

②<meta>标签

<meta> 元素可提供有关页面的元信息(meta-information),比如针对搜索引擎和更新频度的描述和关键词。<meta> 标签位于文档的头部,不包含任何内容。<meta> 标签的属性定义了与文档相关联的名称/值对。在 HTML 中,<meta> 标签没有结束标签。在 XHTML 中,<meta> 标签必须被正确地关闭。

<meta>标签属性,分为必须属性和可选属性两种。必须属性为:content,可选属性为:http-equiv、name、scheme。属性的值与描述,请参考表 3.2。

表 3.2　<meta>的属性

属性	值	描述
content	some_text	定义与 http-equiv 或 name 属性相关的元信息。
http-equiv	content-type expires refresh set-cookie	把 content 属性关联到 HTTP 头部。

续表

属性	值	描述
name	author description keywords generator revised others	把 content 属性关联到一个名称。
scheme	some_text	定义用于翻译 content 属性值的格式。

③content 属性

content 属性提供了名称/值对中的值。该值可以是任何有效的字符串。始终要和 name 属性或 http-equiv 属性一起使用。

④http-equiv 属性

http-equiv 属性为名称/值对提供了名称。并指示服务器在发送实际的文档之前先在要传送给浏览器的 MIME 文档头部包含名称/值对。当服务器向浏览器发送文档时,会先发送许多名称/值对,虽然有些服务器会发送许多这种名称/值对,但是所有服务器都至少要发送一个:content-type:text/html。这将告诉浏览器准备接收一个 HTML 文档。

⑤name 属性

name 属性提供了名称/值对中的名称。HTML 和 XHTML 标签都没有指定任何预先定义的 <meta> 名称。通常情况下,您可以自由使用对自己和源文档的读者来说富有意义的名称。

"keywords"是一个经常被用到的名称。它为文档定义了一组关键字。某些搜索引擎在遇到这些关键字时,会用这些关键字对文档进行分类。

⑥scheme 属性

scheme 属性用于指定要用来翻译属性值的方案。此方案应该在由 <head> 标签的 profile 属性指定的概况文件中进行了定义。

⑦<link>标签

<link> 标签定义文档与外部资源的关系。该标签最常见的用途是链接样式表。HTML 与 XHTML 之间的差异,在 HTML 中,<link> 标签没有结束标签。在 XHTML 中,<link> 标签必须被正确地关闭。

<link>标签属性,详细描述见表3.3。

表 3.3　<link>的属性

属性	值	描述
charset	char_encoding	HTML5 中不支持。
href	URL	规定被链接文档的位置。
hreflang	language_code	规定被链接文档中文本的语言。
media	media_query	规定被链接文档将被显示在什么设备上。
rel	alternate author help icon licence next pingback prefetch prev search sidebar stylesheet tag	规定当前文档与被链接文档之间的关系。
rev	reversed relationship	HTML5 中不支持。
sizes	heightxwidth any	规定被链接资源的尺寸。仅适用于 rel＝"icon"。
target	_blank _self _top _parent frame_name	HTML5 中不支持。
type	MIME_type	规定被链接文档的 MIME 类型。

⑧<style>标签

<style> 标签用于为 HTML 文档定义样式信息。在 style 中,您可以规定在浏览器中如何呈现 HTML 文档。type 属性是必需的,定义 style 元素的内容。唯一可能的值是"text/CSS"。style 元素位于 HEAD 部分中。

<style>标签属性,分为必须属性和可选属性两种。必须属性为:type,可选属性为:media。属性的值与描述,请参考表 3.4。

表 3.4 <style>的属性

属性	值	描述
type	text/CSS	规定样式表的 MIME 类型。
media	screen tty tv projection handheld print braille aural all	为样式表规定不同的媒介类型。

⑨<script>标签

<script> 标签用于定义客户端脚本,比如 JavaScript。script 元素既可以包含脚本语句,也可以通过 src 属性指向外部脚本文件。必需的 type 属性规定脚本的 MIME 类型。

JavaScript 的常见应用时图像操作、表单验证以及动态内容更新。HTML 与 XHTML 之间的差异,在 HTML 4.01 中,script 元素的"language"属性不被赞成使用。在 XHTML 1.0 Strict DTD 中,script 元素的"language"属性不被支持。HTML 4 和 XHTML 在处理脚本中的内容方面有所不同:在 HTML 4 中,内容类型声明为 CDATA,就是说不会对实体进行解析。在 XHTML 中,内容类型声明为(#PCDATA),也就是说会对实体进行解析。这意味着,在 XHTML 中,应该编码所有特殊的字符,或者把所有内容嵌套在 CDATA 部分中。

<script>标签属性,分为必须属性和可选属性两种。必须属性为:type,可选属性为:async,charset,defer,language,src,xml:space。属性的值与描述,请参考以表 3.5。

表 3.5 <script>的属性

属性	值	描述
type	MIME-type	指示脚本的 MIME 类型。
async	async	规定异步执行脚本(仅适用于外部脚本)。
charset	charset	规定在外部脚本文件中使用的字符编码。
defer	defer	规定是否对脚本执行进行延迟,直到页面加载为止。
language	script	不赞成使用。规定脚本语言。请使用 type 属性代替它。
src	URL	规定外部脚本文件的 URL。
xml:space	preserve	规定是否保留代码中的空白。

⑩BODY 文件主体标签

文件主体用<body>和</body>标签,它是 HTML 文档的主体部分。网页正文中的所有内容包括文字、表格、图像、声音和动画等都包含在这对标签对之间。

3.3.2　网页文档基本用法

从上面可以看到 HTML 超文本文件时需要用到的一些标签。在 HTML 中,每个用来作标签的符号都是一条命令,它告诉浏览器如何显示文本。这些标签均由"<"和">"符号以及一个字符串组成。而浏览器的功能是对这些标记进行解释,显示出文字、图像、动画、播放声音。这些标签符号用"<标签名字 属性>"来表示。

HTML 标签可分为单标签和双标签两种类型。

(1)单标签

单标签的形式为<标签 属性＝参数>,最常见的如强制换行标签
、分隔线标签<HR>、插入文本框标签<INPUT>。

(2)双标签

双标签的形式为<标签 属性＝参数>对象</标签>,如定义"奥运"两字大小为 5 号,颜色为红色的标签为:<font size＝5 color＝red>奥运</font>。

需要说明的是:在 HTML 语言中大多数是双标签的形式。

3.3.3　HTML5 网页常用标签

网页在制作时被我们划分为很多不同的模块。如网页头部,网页页脚,新闻区域,列表区域,图片区域等等。那么这些区域如何通过标签来显示呢? 在 HTML5 之前的版本中,我们使用的是 DIV 来进行布局,意思是每个模块都用<div>这个标签来进行结构显示。下面对 DIV 进行详解。

(1)DIV 标签

该元素是用于分组 HTML 元素的块级元素。可以把它看作是一个容器,用来定义文档中的分区。这是一个双标签,在使用时,必须关闭它。

具体用法如下:<div>这是一个模块内容</div>。

下面是一个普通的页面排版,有头部、导航、文章内容、右边栏、底部等模块,之前 HTML 版本的布局方式,如图 3.1 所示。

相关代码如下:

```
<body>
    <div class="header"></div>
    <div class="nav"></div>
    <div class="banner"></div>
    <div class="section">    <!—这是一个父容器,里面嵌套 3 个 div-->
    <div class="news"></div>
```

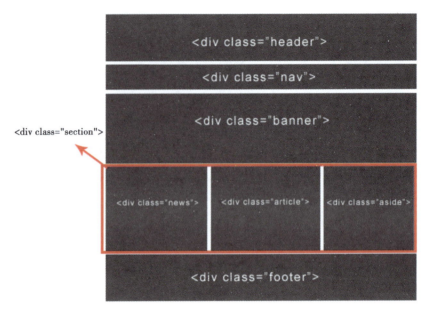

图 3.1　HTML4 版本使用的 div 布局案例

   <div class = " article" ></div>

   <div class = " aside" ></div>

  </div>

  <div class = " footer" ></div>

 </body>

  注意:以上代码只是这部分结构,根据这部分代码不能实现上图,还需要对其进行 CSS 布局才行。

  由上图我们发现整个网页的各个模块都是由 DIV 来进行划分的,而板块之间使用 CLASS 或者 ID 进行区别(CLASS 和 ID 在以后的 CSS 课程中会有详解)。这样的布局方式,是不利于搜索引擎去抓取页面内容的。

  而 HTML5 为了解决这个问题,根据众多设计师约定俗成的常用设计习惯增加了很多新的结构元素,如 header,footer,article,section,aside,figure,figcaption,hgroup 等。例如:<header></header>来代表这部分属于头部模块。

  我们下面一一来介绍 HTML5 中的相关结构标签。

  (2)header 标签

  <header>标签定义文档的页眉,通常是一些引导和导航信息。它不局限于写在网页头部,也可以写在网页内容里面,表示网页一个模块内容的头部。它可以包括<div>标签,还可以包括表格内容、标识、搜索表单、<nav>导航等。header 中至少要有一个标题元素或 hgroup 元素或 nav 元素。用法如下:

  <header>

   <h1>头部内容</h1>　//标题元素,后面会详解

   头部信息

　　</header>

（3）**nav 标签**

该标签使页面结构更精确，nav 标签可以作为页面导航的链接组。同样可以包含<div>标签，或者其他列表、表单等。用法如下：

<nav >

　　这里显示的是导航部分。

</nav>

（4）**section 标签**

该标签用来定义文档中的节。比如章节、某个模块或文档中的其他部分。一般用于成块的内容，会在文档流中开始一个新的节。它用来表现普通的文档内容或应用区块，通常由内容及其标题组成。但 section 元素标签并非一个普通的容器元素，它表示一段专题性的内容，一般会带有标题。

当一个容器需要被直接定义样式或通过脚本定义行为时，推荐使用 div 元素而非 section。如果 article 元素、aside 元素、或 nav 元素更符合使用条件，不要使用 section 元素。

<section>

该模块的标题

　　该模块的内容

</section>

（5）**article 标签**

<article>是一个特殊的 section 标签，它比 section 具有更明确的语义，它代表一个独立的、完整的相关内容块，可独立于页面其它内容使用。例如一篇完整的论坛帖子，一篇博客文章，一个用户评论等等。一般来说，article 会有标题部分（通常包含在 header 内），有时也会包含 footer。article 可以嵌套，内层的 article 对外层的 article 标签有隶属关系。例如，一篇博客的文章，可以用 article 显示，然后一些评论可以以 article 的形式嵌入其中。

<article>

　　<header>

　　　　这是文章标题

　　</header>

　　<p>文章内容详情</p>　　　//这里的<p>是段落标签，后面做详解

　　<article>

　　　　这里可以是文章内容

　　</article>

</article>

（6）**aside 标签**

该标签主要有两种用法：

①可以表示包含在 article 元素中的附属信息，如名词解释、相关引用资料等。

```
<article >
    <h1>文章标题</h1>
    <p>文章内容</p>
    <aside>本文出自…</aside>
</article>
```

②也可以表示整个页面或站点的附属信息部分。如侧边栏、博客里面的其他文章列表、友情链接、单元广告等。

（7）footer 标签

该标签用于定义 section、article 或网页的页脚,包含了与内容或页面有关的信息,比如说文章信息(作者和日期)。作为页面的页脚时,一般包含了版权、相关文件和链接。它和 `<header>` 标签使用基本一样,可以在一个页面中多次使用,如果在一个区段的后面加入 footer,那么它就相当于该模块的页脚了。

```
<footer >
        Copyright© 2006-2019    重庆市巴南分局备案编号：110105000000
</footer>
```

（8）hgroup 标签

若在一模块中需要含有一系列的标题元素,则可以用 hgroup 将他们包裹起来。

```
<hgroup>
    <h1>标题 1</h1>
    <h2>标题 2</h2>
    …
</hgroup>
```

（9）figure 标签与 figcaption 标签

一段独立的流内容,一般表示文档的一个独立单元。这两个属性常常在一起使用,figcaption 元素为 figure 元素组添加描述信息。可以用于对元素的组合,多用于图片与图片描述组合。

```
<figure>
    这里可以插入一张图片
    <figcaption>这儿是图片的描述信息</figcaption>
</figure>
```

新增的媒体元素,我们在后面专门讲解。

下面可以利用上面的 HTML5 标签来进行新的布局,HTML5 版本使用的 div 布局案例如图 3.2 所示。

HTML 源代码如下：

```
<body>
    <header>…</header>
```

```
<nav>...</nav>
<section>...</section>
<section>
    <section>...</section>
    <article> ...</article>
    <aside>...</aside>
</section>
<footer>...</footer>
</body>
```

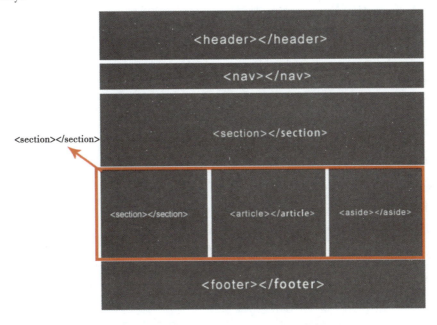

图 3.2　HTML5 版本使用的 div 布局案例

注意:同上,以上代码只是这部分结构,根据这部分代码不能实现上图,还需要对其进行 CSS 布局才行。

3.3.4　网页中的文本

文本在网页中的显示是非常重要的,网页中的文本也有标题、段落、特殊字符等,下面我们一一讲解。

(1)标题

标题的作用是让用户快速了解文档的结构与大致信息。标题元素从 h1 到 h6 共六级。标题元素中包含的文本被浏览器渲染为"块"元素,即会自动产生换行。<h1>所显示的字号是最大的, <h6>所显示的字号最小。这里的标题标签要与上一章所讲的<title>标签分开, title 指的是整个文档的标题名。而这里的 hn 表示页面内部的标题结构。

标题标签的具体语法为:<h1>这里是一级标题</h1>。

（2）段落

段落标签顾名思义就是一个段落，可以理解为一些句子或文本组织在一起的块级元素。段落标签的具体语法为：<p>这里是一个段落</p>。

（3）Span

Span 标签是一个行内元素，本身没有任何含义和任何样式，但可以定义组合文档中的部分文字。

用法为：如<p>下面这是一段<span>文字</span></p>。

1）换行

在 HTML 中，使用回车键进行换行时，显示出来的效果只显示为一个字符的空格。所以在 HTML 中的换行显示需要专门的标签
。该标签单独使用，不成对出现，是一种独立标记。需要在一句话后面换行显示时，将
写在这句话后面。

例如：这里将要换行。
这里是第二行。

2）短语元素

短语元素都是行内元素。指的是要定义一个段落或者一句话里面的一部分文字。比如，要强调某个文字，倾斜某个文字，高亮某个文字等等，如下：

①文字加粗<p>这部分文字<b>加粗</b></p>。

②强调文字<p><strong>强调</strong>这里的文字</p>。

③斜体文字<p>这里的文字会有<i>斜体</i>效果</p>。

HTML5 中的短语元素有很多，部分短语元素见表 3.6。

表 3.6　HTML5 中的短语元素表

标签	用途
<abbr>	缩写：用于显示文本的缩写，配置 title 属性。
<b>	加粗：文本没有额外的重要性，但样式采用加粗字体。
<cite>	引文或参考：用于显示文本是引文或参考，通常倾斜显示。
<cote>	代码：用于显示文本为程序代码，通常使用等宽字体。
<dfn>	术语定义：用于显示文本为词汇或术语定义，通常倾斜显示。
<em>	强调：用于强调文本，通常倾斜显示。
<i>	倾斜：文本没有额外的重要性，但样式采用倾斜字体。
<kbd>	输入文本：用于显示要用户输入的文本，通常用等宽字体显示。
<mark>	记号文本：文本高亮显示（仅用于 HTML5）。
<samp>	示例文本：用于显示程序的示例输出，通常显示为等宽字体。
<small>	小文本：用小字号显示的免责声明。

续表

标签	用途
\<strong\>	强调文本：显示文本强调或突出与周边的普通文本，通常加粗显示。
\<sub\>	下标：用于显示文本的下标。
\<sup\>	上标：用于显示文本的上标。
\<var\>	变量文本：用于显示变量或程序输出，通常倾斜显示。

做一做

以下是关于标题、段落、短语元素的一个知识巩固综合案例，如图 3.3 所示。根据效果图，在编辑器写出源代码。

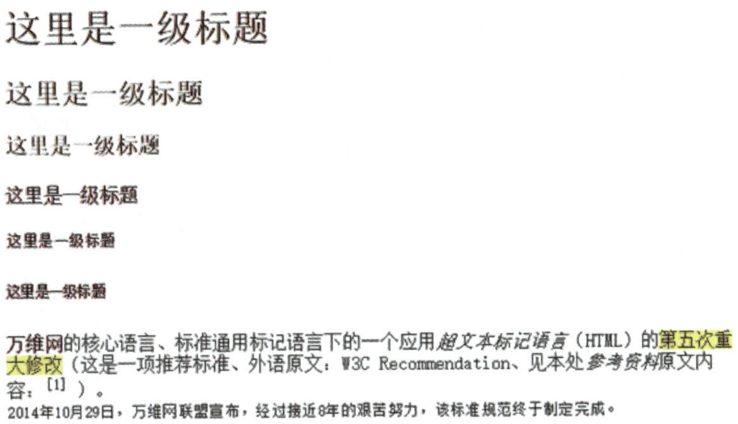

图 3.3　标题、段落、文本短语在 Chrome 中的显示效果

源代码如下：

\<body\>

\<h1\>这里是一级标题\</h1\>

\<h2\>这里是一级标题\</h2\>

\<h3\>这里是一级标题\</h3\>

\<h4\>这里是一级标题\</h4\>

\<h5\>这里是一级标题\</h5\>

\<h6\>这里是一级标题\</h6\>

\<p\> \<strong\>万维网\</strong\>的核心语言、标准通用标记语言下的一个应用\<em\>超文本标记语言\</em\>（HTML）的\<mark\>第五次重大修改\</mark\>（这是一项推荐标准、外语原文：W3C Recommendation、见本处\<cite\>参考资料\</cite\>原文内容：\<sup\>［1］\</sup\>）。\<br\>

<small>2014 年 10 月 29 日,万维网联盟宣布,经过接近 8 年的艰苦努力,该标准规范终于制订完成。

</p>

</body>

> **补充知识点:什么是块状元素,什么是内联?**
>
> 　　块级元素:狭义地说这类元素的特征是添加该标签后,会独立的成一行显示。
>
> 　　行内元素:也叫内联元素。狭义地说这类元素的特征是增加其标签后,不会换行。
>
> 　　　　　　　块元素见图 3.4。

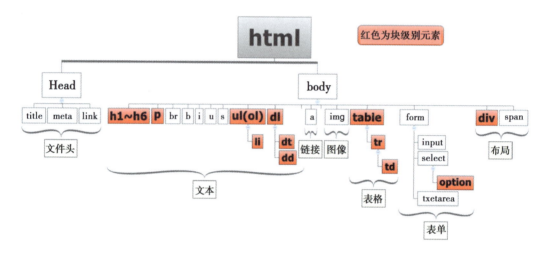

图 3.4　红色的为块级元素

3)特殊字符

　　若我们需要在 HTML 页面中显示某些符号如:<、>、& 等等,在 HTML 代码中直接输入上述类似符号时,会与 HTML 中的关键字有冲突,因此不能直接在代码中输入,而是需要转化为相对应的 HTML 代码,见表 3.7。

表 3.7　HTML 中的部分特殊字符

符号	HTML 代码
"	&quot;
'	&apos;
&	&amp;
<	&lt;
>	&gt;
¥	&yen;

续表

符号	HTML 代码
©	&copy;
®	&reg;
空格	

3.3.5　列表

列表标签是 HTML 中常用的一种标签。具体分为无序、有序列表和定义列表。列表标签的主要用途为:网页导航、网页列表页、网页图文排列部分等。

无序列表(Unordered lists)是一个项目的列表,在列表中每个项目前面加上列表符号。这种列表也可称为项目列表。此项目列表使用粗体圆点(典型的小黑圆圈,属于默认设置)、方块、圆圈进行标记。

无序列表的语法,以<ul>标记开始,</ul>标记结束;里面的每一个列表项目都以<li>开始,</li>标记结束,用无序列表的语法表达如下。

<ul>
       <li>第一项</li>
       <li>第二项</li>
       <li>第三项</li>
</ul>

Type 属性是用来改变项目符合类型的一个属性。表 3.8 列出了无序列表的 type 属性及类别。例如,创建一个无序列表要用方块来标记他的项目符合,可以使用列表的 type 属性值"square",即<ul type="square">。

表 3.8　无序列表的 type 属性

值	示例
disc(默认)	●
square	■
circle	○

(1)HTML5 与无序列表

无序列表的 type 属性在 HTML4 中广泛运用,在 XHTML 中运行也是有效的。但无序列表的 type 属性只是运用来装饰列表,使其变得有序、美观,并没有传达实际的意义。所以在

HTML5 中<ul>标签的 type 属性被取消了。那么有关如何配置列表的项目符合,我们在后面的 CSS 样式讲解中会提到。

有序列表(Ordered list):顾名思义,有序就是有顺序。有序列表可以使用数字(默认)、大写字母、小写字母、大写罗马数字、和小写罗马数字进行编号。

有序列表的语法:与无序列表相似,以<ol>标记开始,</ol>标记结束;里面的每一个列表项目都以<li>开始,</li>标记结束。上图的关键部分用无序列表的语法表达如下:

```
<ol>
        <li>第一项</li>
        <li>第二项</li>
        <li>第三项</li>
</ol>
```

在有序列表中,type 默认的符号为阿拉伯数字。同无序列表一样,type 可以用来改变列表的排序符号。例如:创建一个大写字母<ol type="A">。表 3.9 列出了有序列表的 type 属性类别及表达方式。

表 3.9　有序列表的 type 属性

值	示例
1	数字(默认)
A	大写字母
a	小写字母
I	大写罗马数字
i	小写罗马数字

(2)HTML5 与有序列表

虽然无序列表和有序列表比较相似,但 HTML5 中 type 属性的表现是不一样的。首先,在 html5 中,有序列表一起使用的 type 属性可以得到支持。因为顺序提供了实际的含义。另外,还可以使用 start 属性,如 start="10";并新增了 reversed 属性(即反向排序),reversed="reversed"。

定义列表(Ordered list):用于组织术语及其解释。它的默认格式是,术语独占一行并且顶格显示,解释则另起一行并缩进。可以用于常见问题及答案;或者一个列表包含多个术语及不同的解释,就可以使用定义列表进行布局。

定义列表的语法:以<dl>开始,</dl>标记结束。每个要描述的术语以<dt>标记开始,</dt>标记结束;每项描述内容以<dd>标记开始,</dd>标记结束。

例：

\<dl\>

　　　\<dl\>名词\</dt\>

　　　\<dd\>解释的内容\</dd\>

\</dl\>

3.3.6　网页注释

\<! ----\>生成注释标签。

注释的目的是为了便于他人阅读代码,注释部分只在源代码中显示,并不会出现在浏览器中。

上面列举了 HTML 中最常用的几种标签和解释,对于初学者来说并不需要全部背出来,简单的了解即可。在后面的学习中将会发现,Dreamweaver 标签库可以很方便地帮助用户找到所需的标签,并根据列出的属性参数使用它。

3.4　超级链接

超链接指的是一个网页指向一个目标的连接关系。这个目标可以是另一个网页,也可以是相同网页上的不同位置,还可以是一个图片,一个电子邮件地址,一个文件,甚至是一个应用程序等。而在一个网页中用来超链接的对象,可以是文字或者是一个图片,甚至一个结构标签。当浏览者单击所链接的文字或图片后,链接目标将显示在浏览器上,并且根据目标的类型来打开或运行。

3.4.1　锚元素

HTML 超级链接主要由标签对 \<a\>\</a\> 和属性 href 构成。a 就是锚元素(anchor element),要实现链接的跳转,必须要使用属性 href。常见的锚链接可以分为文本超链接、图片链接、锚点链接、邮件链接等。

其基本格式为：

\<a href="将要链接到的地址"

target="窗口打开方式"\>链接的文字或图片\</a\>

target 属性表示链接目标的打开方式。target 属性可以省略,省略的时候表示链接将在当前页面打开。若需要在新窗口中打开链接,target 属性值为:target="_blank"。由于 html5 已经废除框架集(frameset),所以 traget 的其他三个属性值(target="_parent", target="_self", target="_top")也基本没用了。

3.4.2　绝对链接和相对链接

Herf 属性值所对应的地址分为相对链接和绝对链接。

绝对链接常常指的是在 Web 上的 url 地址,跳转或链接到其他网站上的资源时使用。如<a href=http://www.baidu.com.cn>百度网</a>。请注意,链接 url 地址时需要加上 http 或者 ftp 之类的网络协议。

相对链接是指连接到自己网站内部的地址。这种链接不含"http://",也不包括域名,只包含想要显示的网页的文件名,如:<a href="contact/index.html">contact us</a>。

邮件链接是指可以自动打开浏览器设置的默认邮件程序的链接,如:<a href="mailto:super@sina.com.cn">,发邮件</a>。请注意邮件链接中,mailto 是不可省略的。

3.4.3　区段标识符

在制作一些内容较长的网页时,可以让浏览者链接到网页中一个特定的位置,可以设置区段标识符。它由两部分构成:

①确定链接跳转的位置,设置锚点:<a name="锚点名称">目标位置</a>(锚点的名字可以是任意的英文名),也可以是<a id="锚点名称">

②创建链接源,<a href="#锚点名称">链接文字或者图片</a>

注意:锚点名称必须要与链接的 href 内的锚点名称匹配(相同)。若不匹配,浏览器则不会搜索改网页,而是查找外部文件。

思考题

区段标识符常常用在网页中的哪些栏目中呢?

3.5　CSS 基础

Web 标准实际是由 3 大部分构成的:结构(Structure)、表现(Presentation)和行为(Behavior)。对应的网站标准也分为 3 个方面:结构化标准语言(HTML)、表现标准语言(CSS)以及行为标准(JavaScript)。Web 标准提倡结构、表现和行为相分离,这样便于我们维护管理。HTML 和 CSS 既相互独立又相互联系,简单地说结构表现分离就是——用 HTML 文档来保存内容与结构,用 CSS 文件来控制文档的样式。

3.5.1　CSS 概述

CSS(Cascading Style Sheets),即层叠样式表。他用来设置网页中各种标签的样式,如设置文字大小、颜色、行高、背景等等。"层叠"是指当在 HTML 文件中引用多个样式文件时，浏览器将依据层叠顺序及就近原则进行处理，以避免发生冲突。

CSS 样式表的优点：

①更多的排版和页面布局控制。可以控制字号、行距、字间距、边距、缩进等。

②样式和结构分离。文本格式和颜色可以独立于网页结构内容部分进行配置和存储。

③方便修改。若需要更换某个模块的字体颜色，只需要修改 CSS 样式里面的文字颜色属性即可，有利于网页维护。

④文档变得更小，提高加载速度。CSS 从文档分离出来后，html 的体积会变得更小。

目前最新版本为 CSS3，是能够真正做到网页表现与内容分离的一种样式设计语言。相对于传统 HTML 的表现而言，CSS 能够对网页中的对象的位置排版进行像素级的精确控制，支持几乎所有的字体字号样式，是目前基于文本展示最优秀的表现设计语言。

CSS3 是 CSS 技术的升级版本 CSS3 语言开发是朝着模块化发展的。在 CSS3 语言中，增加了更多的新模块。这些模块包括：盒子模型、列表模块、超链接方式 、语言模块 、背景和边框 、文字特效 、多栏布局、动效等。

只有掌握了 HTML5+CSS3 的布局模式，才能制作出更符合 Web 标准的网页；只有掌握 CSS3 的新的属性就能做出更炫彩的网页。

本文所有的关于 CSS3 和 HTML5 代码，请在高版本浏览器（IE9 以上）,Firefox4+、Opera、Safari5+和 Chrome 浏览器测试。

3.5.2　CSS 的引用方法

CSS 是如何跟 HTML 页面产生关联的呢？下面我们具体讲解如何在 HTML 文档中声明 CSS 样式表的方法。

HTML 中配置 CSS 的方法，主要有以下几种。

(1) 内联样式

是指把对页面各元素的样式设置直接写在网页主体内部，作为 HTML 标记的属性。语法规则为:<HTML 标签 style＝"样式属性:取值;样式属性:取值;…"><HTML 标签>,例如:<h1　style＝"color:orange">标题 1</h1>。这种方式的配置我们并不提倡，因为他不能更好地实现结构样式分离，特殊情况下可以使用，只适合该特定元素的特定属性。

嵌入样式：

是指把对页面各元素的样式设置直接写在网页头部，放置在<head></head>标签对里面，并且用<style></style>标签对进行声明。

格式如下：

<head>

<style type＝"text/CSS">

<!—

选择器 1{样式属性 1:取值;样式属性 2:取值;…}

选择器 2{样式属性 1:取值;样式属性 2:取值;…}

……

-->

</style>

</head>

其中<style>标签用来声明使用内部样式表,各样式代码需要写在该标签对之间。type
="text/CSS"属性用来声明这是一段 CSS 样式表代码。<! --与-->标记是 HTML 里的注
释标记,在这里是为了防止一些不支持 CSS 的浏览器,将<style>与</style>之间的 CSS 代码
当成普通的字符串显示在网页中。

内部样式表不能更好地体现结构和样式分离,仅适用于与对某些特殊的页面设置单独
的样式风格。在实际制作中注意使用,不要把整个网页的共有属性写到页面内部。所以这
种内部样式表也并不常用。

(2)外部样式

这种方式是将外部的独立的样式表文件引入到 HTML 文件中,样式表文件就是 CSS 文
件,扩展名为.CSS。CSS 文件要和 HTML 文件一起发布到服务器上,这样在用浏览器打开网
页时,浏览器会按照 HTML 网页所链接的外部样式表来显示其风格。要在 HTML 中链接外
部样式表文件,需要在<head></head>标签对之间添加<link></link>标签对,具体格式如下:

<head>

<link rel="stylesheet"　type="text/CSS"　href="样式表文件的地址">

</head>

rel="stylesheet"属性用来声明在 HTML 文件中使用外部样式表。

type="text/CSS"属性用来指明该文件的类型是样式表文件。

href 属性用来指定样式表文件的路径和名称。

外部链接的方式是在实际制作中最常用的,它能很好地实现结构和样式分离,而且样式
表可以增加多个样式表。

(3)导入样式

导入样式表与外部样式比较相似,只是引入方式的不同。采用导入方式引入的样式表,
在 HTML 文件初始化时,会被全部导入到 HTML 文件内,作为文件的一部分,从加载速度来
说,会稍稍嫌慢,但现在的带宽足够大,作为用户察觉不出来。而外部链接的方式则是在
HTML 的标签需要格式时才以链接的方式引入。

要在 HTML 文件中导入样式表,需要使用<style type="text/CSS"></style>标签对进行
声明,并在该标签对中加入@ import url(外部样式表文件地址);语句,具体格式如下:

```
<head>
<style type="text/CSS">
@import url(外部样式表文件地址);
</style>
</head>
```

import 语句后面的;是不可省略的。

3.5.3　CSS 选择器和声明

CSS 的选择器常用的有 6 种类型,分别是标签选择器、id 选择器、类选择器、分组选择器、包含选择器和通配符选择器。

下面分别介绍不同选择器类型的特点。

(1)标签选择器

网页里面的图片列表段落都是有很多 HTML 标签或标签对组成的,直接给标签设置样式的类型就是标签选择器。

例:HTML 代码如下

```
<body>
    <a href="#">点此链接 1</a>
    <p>
        <a href="#">点此链接 2</a>
    </p>
</body>
```

对页面中的超链接文字样式设置为:颜色为#ff0000,文字大小为 16 像素。

根据题目要求,CSS 代码如下:

```
a{
    color:#ff0000;
    font-size:16 px;
}
```

当用这种方式设置的 a 标签的样式,会使整个 HTML 页面中的所有超链接的样式都发生了相应的变化。

若页面内该标签是唯一的,可以使用该标签选择器声明样式;若不是唯一的标签,又希望有不同的样式效果,则需要结合其他的声明方式。

(2)类选择器

类选择器也叫 class 选择器,可以应用于网页中的某一类元素,而非只是应用于某一个元素。使用该选择器时,两点要注意:①需要在你希望设置样式的任何元素内增加一个 class

属性,并定义类名;②在 CSS 中定义该属性时,声明该类名时,需要在类名前加一个点".."。

语法:

HTML 中:<标签 class="类名">内容</标签>

CSS 中:.类名{样式属性 1:属性值;样式属性 2:属性值;…}

还是将标签选择器的例子来演示。现在我们将"点此链接 2"的样式改为文字大小 16 像素,文字颜色为红色。HTML 代码改为:

```
<body>
    <a href="#">点此链接 1</a>
    <p>
        <a  class="red"  href="#">点此链接 2</a>        / * 增加 class="red" */
    </p>
</body>
```

CSS 代码部分为:

```
.class{
    color:#ff0000;
    font-size:16 px;
}
```

或者改为:

```
a.red{
    color:#ff0000;
    font-size:16 px;
}
```

后面这种方式也很常用,表示 HTML 中 a 标签里类名为 red 的样式。语法为:

标签.类名{属性 1:属性值;}

(3) id 选择器

id 选择器也是可以用来定义某一类相同的样式。但与 class 不同的是,在同一 HTML 文件中,id 名不能重复。通常使用 id 选择器定义一个特定的 CSS 规则,或者是定义对于页面唯一的区域或者样式,如页面中只含有一个导航,一个版权信息等。

使用方法上,id 选择器与类选择器相似,也需要注意 2 点:

需要在你希望设置样式的任何元素内增加一个 id 属性,并设置 id 名;

在 CSS 中声明 id 选择器的属性值,声明该 id 选择器时,需要在 id 名称的前面加一个#号,语法如下:

#id 名{样式属性 1:取值;样式属性 2:取值;…}

例:HTML 代码如下

```
<body>
```

```
    <nav  id="menu">导航</nav>
</body>
```

设置导航的样式为文字大小为 14 像素,文字颜色为#ff0000。

CSS 代码设置为:

```
#menu{
    color:#ff0000;
    font-size:16 px;
}
```

或者nav#menu{

```
    color:#ff0000;
    font-size:16 px;
}
```

与 id 选择器一样,后面这种方式也很常用,表示 HTML 中 nav 标签里 id 名为 menu 的样式。语法为:

标签.类名{属性 1:属性值;}

(4)分组选择器

当多个选择器声明的样式完全相同时,可以将他们统一进行声明,各选择器之间使用英文“,”分开,来提高代码效率。语法为:标签 1,标签 2,标签 3{属性 1:属性值;属性 2:属性值;…}例:HTML 代码为

```
<body>
    <h1>标题</h1>
    <nav  id="menu">导航</nav>
    <p>这里是段落 1</p>
    <p class="red">这里是段落 2</p>
    <footer>这里是版权信息</footer>
</body>
```

设置导航与段落 2 以及版权信息部分的文字颜色为#ff0000,文字大小 16 像素。

CSS 代码为:

```
#menu,.red,footer{
    color:#ff0000;
    font-size:16 px;
}
```

(5)包含选择器(父子选择器)

需要为一个容器里面的元素设置样式时,需要使用包含选择器。语法为:父选择器 子选择器{属性 1:属性值;属性 2:属性值;…},父选择器和子选择器之间用空格隔开。

例:HTML 代码如下:

```
<body>
    <a href="#">链接 1</a>
    <p><a href="#">点击这里</a>跳转到首页</p>
</body>
```

设置段落里面的超链接文字颜色为#ff0000,文字大小为 14 像素。

CSS 代码如下:

```
p a{
    color:#ff0000;
    font-size:14 px;
}
```

包含选择器使用非常之广,当我们网页内容使用包含选择器会得到唯一性的样式。包含选择器的使用可以大大减少类选择器和 id 选择器的应用。在网页实际应用时,只给父标签定义 class 或 id,子标签尽量通过包含选择器声明样式,不需要再定义新的 class 或 id。

(6)通配符选择器

通配符选择器是一种特殊类型的选择器,它由星号 * 来表示选择器的名称,可以定义所有的网页元素显示格式。通配符一般用于统一浏览器设置。

```
*{
    margin:0;
    padding:0;
}
```

意思是,将该页面的所有标签样式中的外边距、内边距清除,来统一浏览器样式。

思考题

　　有多个选择器作用于同一个元素时,最终会使用哪一个选择器所设置的样式?

这个问题涉及选择器的优先级及层叠性。当多个选择器都作用于同一个元素时,CSS 会层叠所有选择器的样式,若样式发生冲突,则会选择优先级高的,简单地说就是就近原则,哪个样式离标签越近就显示谁的样式。通常情况下优先级由高到低为:行内样式 > id 选择器 > 类选择器 > 标签选择器。若一个页面内有不同类型的 CSS 文件,CSS 文件的优先级别为:行内样式表> 内嵌样式表> 链接样式表> 导入样式表。

补充知识点:对于 id 名和类名的命名规则,需要注意什么?

为了避免浏览器的不兼容问题以及网页开发人员约定俗成的习惯,我们应尽量规范化选择器的命名规则,包括:一律小写;以字母开头,由字母和数字组成;尽量不加中杠和下划线;尽量用英文,尽量不缩写,除非一看就明白的单词,尽量见名知意等。id 和 class 命名采用该版块的英文单词或组合命名,并第一个单词小写,第二个单词首个字母大写,如:newRelease(最新产品/new+Release)。

在网页中设置的 id 和类名的命名,见表 3.10。

表 3.10　常用的 CSS 选择器命名

网页内容	CSS 名称	网页内容	CSS 名称	网页内容	CSS 名称
二级导航	subNav	菜单	subMenu	提示信息	msg
左边栏	sidebar_l	右边栏	sidebar_r	小技巧	tips
标题	title	摘要	summary	投票	vote
搜索输出	search_output	搜索输入框	searchInput	搜索	search
搜索条	searchBar	搜索结果	search_results	版权信息	copyright
加入我们	join us	合作伙伴	partner	服务	service
注册	regsiter	箭头	arrow	网站地图	sitemap

3.5.4　CSS 颜色值语法

CSS 中,表现颜色值的方法较多,非常常用的有以下几种:色相名、十六进制色、RGB 颜色。

所谓色相名,就是我们颜色的名称,如 blue、brown 等,浏览器中可以识别的颜色名有 147 种其中 17 种标准颜色加 130 种其他颜色,17 种标准色是:aqua, black, blue, fuchsia, gray, green, lime, maroon, navy, olive, orange, purple, red, silver, teal, white, yellow。更多的颜色若有需要大家可以在 w3school 网站查询。

十六进制色是所有浏览器都支持的颜色表达格式。它规定用#RRGGBB 来表示颜色,其中 RR(红色)、GG(绿色)、BB(蓝色),所有的值必须接与 00~FF 之间。比如 color:#0000ff,表示颜色为蓝色。

RGB 颜色也是所有浏览器都支持的颜色值。它规定用 rgb(red,green,blue)来表示。每个参数的取值是 0~255,数值越高代表颜色的强度越高。比如 color:rgb(0,0,255),也表示颜色为蓝色。

更多的颜色值语法还有 RGBA 颜色、HBL 颜色、HSLA 颜色,使用方式与 RGB 类似,但是兼容性没有上面几种好,详细的描述可以在手册上查询。

3.5.5 CSS 中的注释

由于网页结构复杂,CSS 内容庞大,为了帮助理解和后期维护,在 CSS 中应该有一定的注释即解释,这些注释是不会对 CSS 代码产生影响的。CSS 中的注释语法是:/*需要注释的内容*/。即在需要注释的内容前使用"/*"标记开始注释,在内容的结尾使用"*/"结束。注释可以多行内容注释。其注释范围在"/*"与"*/"之间。下面通过一个示例来演示注释的使用:

```
/*-------以下为头部样式--------*/
P{
    font-size:18 px;
    color:black;
}
```

补充知识点:HTML 注释和 CSS 注释可以混用吗?

不行。CSS 注释使用 HTML 注释,HTML 代码中使用 CSS 注释这都是错误的,会导致有些容错差的浏览器不兼容,造成布局错位等兼容问题。把 CSS 注释与 HTML 注释放置位置错误、误用,都会造成注释失效。

3.6 Web 图形样式基础

3.6.1 Web 常见图片格式

在大多数的 Web 页面中,图片占到了页面大小的 60%~70%。因此在 Web 开发中,不同的场景使用合适的图片格式对 Web 页面的性能和体验是很重要的。图片格式种类非常多,本文仅针对几种 Web 应用中常用的图片格式:gif、png、jpg 进行一个基本的总结。

(1)图片格式分类

无压缩。无压缩的图片格式不对图片数据进行压缩处理,能准确地呈现原图片。bmp格式就是其中之一。

无损压缩。压缩算法对图片的所有的数据进行编码压缩,能在保证图片的质量的同时降低图片的尺寸。png 是其中的代表。

有损压缩。压缩算法不会对图片所有的数据进行编码压缩,而是在压缩的时候,去除了人眼无法识别的图片细节。因此有损压缩可以在同等图片质量的情况下大幅降低图片的尺寸。其中的代表是 jpg。

(2)gif

采用 LZW 压缩算法进行编码,是一种无损的基于索引色的图片格式。由于采用了无损压缩,相比古老的 bmp 格式,尺寸较小,而且支持透明和动画。缺点是由于 gif 只存储 8 位索引(也就是最多能表达 $2^8 = 256$ 种颜色),色彩复杂、细节丰富的图片不适合保存为 gif 格式。色彩简单的 logo、icon、线框图适合采用 gif 格式。

(3)jpg

jpg 是一种有损的基于直接色的图片格式。由于采用直接色,jpg 可使用的颜色有 1600w 之多(2^{24}),而人眼识别的颜色数量大约 10 000 多种,因此 jpg 非常适合色彩丰富图片、渐变色。jpg 有损压缩移除肉眼无法识别的图片细节后,可以将图片的尺寸大幅度地减小。

但是 jpg 不适合 icon、logo,因为相比 gif/png-8,它在文件大小上丝毫没有优势。

png-8 采用无损压缩,是基于 8 位索引色的位图格式。png-8 相比 gif 对透明的支持更好,同等质量下,尺寸也更小。非常适合作为 gif 的替代品。但 png-8 有一个明显的不足就是不支持动画。这也是 png-8 没办法完全替代 gif 的重要原因。如果没有动画需求推荐使用 png-8 来替代 gif。

(4)png-24

png-24 采用无损压缩,是基于直接色的位图格式。png-24 的图片质量堪比 bmp,但是却有 bmp 不具备的尺寸优势。当然相比于 jpg、gif、png-8,尺寸上还是要大。正是因为其高品质,无损压缩,非常适合用于源文件或需要二次编辑的图片格式的保存。

png-24 与 jpg 一样能表达丰富的图片细节,但并不能替代 jpg。图片存储为 png-24 比存储为 jpg,文件大小至少是 jpg 的 5 倍,但在图片品质上的提升却微乎其微。所以除非对品质的要求极高,否则色彩丰富的网络图片还是推荐使用 jpg。

png-24 与 png-8 一样也支持透明。

(5)webp

webp 图片是一种新的图像格式(表 3.11),由 Google 开发;与 png、jpg 相比,相同的视觉体验下,webp 图像的尺寸缩小了大约 30%。另外,webp 图像格式还支持有损压缩、无损压缩、透明和动画。理论上完全可以替代 png、jpg、gif 等图片格式,当然目前 webp 还没有得到全面的支持。

表 3.11　Web 常见图片格式

图片格式	优点	缺点	适合场合
gif	文件小,支持动画、透明,无兼容性问题。	只支持 256 种颜色。	色彩简单的 logo、icon、动图。

续表

图片格式	优点	缺点	适合场合
jpg	色彩丰富，文件小。	有损压缩，反复保存图片质量下降明显。	色彩丰富的图片/渐变图像。
png	无损压缩，支持透明，简单图片尺寸小。	不支持动画，色彩丰富的图片尺寸大。	logo/icon/透明图。
webp	文件小，支持有损和无损压缩，支持动画、透明。	浏览器兼容性不好。	支持 webp 格式的 app 和 webview。

3.6.2 Web 中的插入图片

在网页中的图片，有 2 种显示方式。一个是插入图片，一个是背景图片。在这一节中，我们讲的是插入图片，背景图片的显示方法在后面的 CSS 属性介绍中再详细讲解。

在 HTML 中，<img>为插入图片标签。仅仅使用<img> 标签并不会在网页中插入图像。图片必须要有图片来源以及替代文本属性，即 src 以及 alt 属性。

具体用法如下：<img src="images/pic.jpg" alt="美女的背影">

src 属性代表的是图片路径，该路径可以是绝对路径也可以是相对路径。

alt 属性指定了替代文本，用于在图像无法显示或者用户禁用图像显示时，代替图像显示在浏览器中的内容。

做一做

下面来完成一个插入图片的示例。题目要求在 1.html 内插入 01.jpg 和 02.jpg 两张图片。文件结构图如下图 3.5 所示。请写出相应 html 代码。

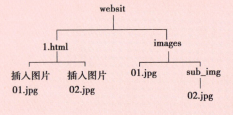

图 3.5 文档结构图

HTML 源文件如下：

<img src="images/01.jpg" alt="图片 1">

<img src="images/sub_img/02.jpg" alt="图片 2">

补充知识点：相对路径与绝对路径？

（1）绝对路径

绝对路径表示一个完整的路径。

可以来源于本机中的物理地址，例如 src＝"D：/mysite/image/pic.jpg"；

也可以来源于 internet 的网络路径，例如 src＝"http：//www.sina.com.cn/img/pic.jpg"。

（2）相对路径

相对路径是以当前文档所在的路径和子目录为起始目录，进行相对于文档的查找。制作网页时通常采用相对路径，这样可以避免站点中的文件整体移动后，产生找不到图片或其他文件等的现象。相对路径的写法及含义如下表所示。

表 3.12　路径

HTML 文件位置	图像位置和名称	相对路径	描述
d：\demo	d：\demo\pic.jpg	<img src＝"pic.jpg">	网页与图片均在同一目录。
d：\demo	d：\demo\image\pic.jpg	<img src＝"image/pic.jpg">	图像在网页下一层目录。
d：\demo	d：\pic.jpg	<img src＝"．./pic.jpg">	图像在网页上一层目录。
d：\demo	d：\image\ pic.jpg	<img src＝"image/pic.jpg">	两者在同一层但不在同一目录。

3.6.3　Web 中的背景与背景图片

之前在讲述 HTML 中插入图片的方法中提到，HTML 中的图片显示有 2 种方法，一种是插入图片，一种是使用通过 CSS 背景设置。CSS2 的背景可以设置为纯色，图片，重复；CSS3 的背景有很大程度的突破，如透明度，渐变色，背景剪裁，背景图片大小，多背景。我们以 CSS3 作基础，进行集中讲解。

（1）背景颜色

背景颜色有几种方式：

①可以为颜色名称的英文。注意：所对应的英文颜色名不能涵盖所有颜色，CSS3 支持的有 147 种颜色的英文。有需要的同学可以上网搜索相关的内容。对应的语法为：

background-color：blue；

②可以为颜色对应的 16 进制值（图 3.6）；十六进制值使用 3 个双位数来编写，以#开头，前两位表示红色，中间两位表示绿色，后面 2 位表示蓝色，每两位的范围从 00～FF。

#00FF00

红　　绿　　蓝

图 3.6　十六进制的颜色值

通常情况这个颜色范围不用在 HTML 页面里设置。在 ps 设计稿里直接获取。语法为：background-color:#0000ff;

③可以为颜色对应的 rgb 值。语法为:background-color:rgb(0,0,255),同上,第一位表示红色,第二位表示绿色,第三位表示蓝色,每个值的选择范围为 0~255。

④CSS3 提供了半透明的显示,即 rgba(r,g,b,alpha),最后一个值表示透明度,范围从 0~1。语法显示为:background-color:rgba(0,0,0,0.6)。

(2)背景图片

背景图片在网页中经常使用,语法为 background-image:url(图片路径)。图片路径的设置与之前插入图片一样,分为相对路径和绝对路径,这里不详述。

例:background-image: url (image/01.jpg)

(3)背景重复

在网页中,为了控制网页的体积,背景图片常常不会切整图,而是提取其中的一部分用来重复显示。所以背景重复里面分为重复,横向重复,纵向重复,不重复。语法如下:background-repeat:repeat/repeat-x/repeat-y/no-repeat。

(4)背景位置

在网页中需要将背景图片放在我们希望的位置,所以可以通过 background-position 属性来改变默认的位置。对于背景位置的改变方式,可以通过水平或者垂直位置的改变,或者百分比,或者像素值。有如下几种方法改变背景位置:

①对于背景位置的属性值,可以有大致的方向位置,语法如下:background-position:top center。属性值的选择有 top、bottom、left、right 和 center,当只有属性值时,另一个被默认为center。

②在 CSS2 中,我们可以使用像素值来决定背景图片相对于元素的位置。语法如下:background-position:10 px 10 px。第一个值决定了水平位置,第二个值决定了垂直位置。数值为正值时,向右或向下偏移,数值为负值时,向左或向上偏移。

③使用百分比决定背景位置时,语法如下:background-position:50% 50%。同样,第一个值决定水平位置,第二个值决定了垂直位置。

④在 CSS3 中,我们可以给 background-position 属性指定高达 4 个值。语法如下:background-position:left 20 px top 10 px;开始的两个值代表了水平轴,后面的两个值代码垂直轴。通过这种方式我们可以将背景位置偏移到任何地方。

(5)背景的渐变绘制

CSS3 中,支持背景的渐变,渐变类型有线性渐变 linear-gradient、径向渐变 radial-gradient,重复的线性渐变 repeating-linear-gradient,重复的径向渐变 repeating-radial-gradient。每一种渐变里面一定会有渐变方向、角度、起始颜色、终止颜色等。用法如下：

　　background：linear-gradient(-90deg,#fff,#333)；

　　background：radial-gradient(center,circle,#f00,#ff0,#080)；

　　background：radial-gradient (50%,circle,#f00,#ff0,#080)；

　　以上用法只是典型,还有更多的用法可以查看参考书。

(6) 背景滚动属性

背景可以被固定在某一处,也可以跟随网页内容的滚动更滚动。由 background-attachment 属性来控制。用法为：background-attachment：scrool/fixed；

(7) 背景定位的盒子

对于边框、内边距、大家可能还不是太了解,理解了盒子模型这个问题就不难了。盒子模型我们将在第六章进行讲解,在这里大家可以对这个属性做了解,背景的左上角可以定位在边框、内边距和内容上。用法为：background-origin：padding-box/border-box/content-box。

(8) 背景剪裁属性

同上,剪裁属性也与盒子模型有关。背景由边框开始剪裁的意思是,边框以内部分可见；背景由内边距开始剪裁的意思是,内边距以内部分可见；背景由内容开始剪裁的意思是,内容以内部分可见。内边背景的左上角可以定位在边框、内边距和内容上。用法为：background-clip：padding-box/border-box/content-box。

(9) 背景大小

背景大小是 CSS3 的新属性,background-size 属性可以用来定义背景图片的尺寸。在 CSS2 时,图片的尺寸是由图片的实际尺寸决定的。现在,可以使用百分比、像素值、完全覆盖、内容区域覆盖等来定义,当使用百分比时,是相对于父元素的宽度和高度而不是图片本身的高度宽度,这是需要注意的,可以只有一个百分比,进行约束宽度。用法：background-size：100 px 200 px/ 40%/cover/content。

(10) 简写背景属性

部分属性可以简写到 background 属性里面,如：background：#00ff00 url(images/01.jpg) repeat-x top 30 px left 30 px scroll；由于好几个属性里面都可以用数值或百分比表示,容易冲突,会单独列出来。

另外,CSS3 支持多背景设置,多重背景图可以是 url( )或 gradient 的混合方式。大家可以查看参考书进一步理解。

下面以列表方式将背景属性概括见表3.13(单元格为浅蓝色的部分为CSS3新属性)：

表 3.13　背景属性

属性	属性值	含义
background-color	red,blue 等	背景颜色对应的英语
	#00ff00	背景颜色对应的 16 进制值
	rgb(0,0,255)	颜色值为 rgb 代码的背景颜色
	rgba(0,0,0,0.5)	带有透明度的 rgb 代码的背景色
background-image	url(图片路径)	背景图片
background-repeat	repeat	背景图片横向纵向都重复
	repeat-x	背景图片仅横向重复
	repeat-y	背景图片仅纵向重复
	no-repeat	背景图片只显示一次,不重复
background-position	top center、bottom left 等	背景图片的垂直位置和水平位置
	x%　y%	用百分比表示水平位置和垂直位置
	5 px　10 px	用像素表示水平位置和垂直位置
background-attachment	scroll	背景图片随着页面滚动
	fixed	背景图片固定
background-origin	padding-box	背景图像相对内边距定位
	border-box	背景图像相对边框定位
	content-box	背景图像相对内容定位
background-clip	padding-box	背景图像裁切到内边距框以内
	border-box	背景图像裁切到边框以内
	content-box	背景图像裁切到内容框以内
background-size	100 px　20 px	背景图片高度和宽度的像素值
	x%　y%	背景图片高度和宽度的百分比值
	cover	背景拉伸扩展至整个背景区域,背景不一定完整显示
	contain	背景拉伸扩展到内容区域,背景完全显示
background	可以包含部分属性	简写属性

思考题

什么时候用插入图片,什么时候用背景图片呢?

当图片作为页面主体内容,如新闻图片时,使用插入图片。作为页面整体背景或者点缀美化功能的时候可以作为背景图片引入。

3.6.4　练习使用背景图片样式

完成图 3.7 所示内容,请完善 HTML 及 CSS。将素材提供的 bg.jpg 放到页面中间,并且可以根据页面大小自动缩放,不重复,背景图片以外填充#dff2f4 天蓝色。文字大小为 20像素。

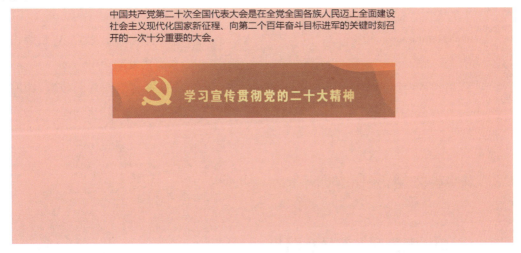

图 3.7　背景的 CSS3 设置

HTML 代码如下:

<! doctype html>

<html>

<head>

<meta charset = "utf-8" >

<title>CSS3 背景</title>

<link href = "5.5style.CSS" rel = "stylesheet" type = "text/CSS" >

</head>

<body>

<p>

中国共产党第二十次全国代表大会是在全党全国各族人民迈上全面建设社会主义现代化国家新征程、向第二个百年奋斗目标进军的关键时刻召开的一次十分重要的大会。

</p>

</body>

</html>

CSS 代码如下:

```
* {
    margin:0;
    padding:0;
}
body{
    background:#dff2f4 url(img/bg.jpg) no-repeat;      /*设置背景颜色和背景图片,不
                                                        重复*/

    background-size: 40%;                               /*设置背景图片大小,始终占据
                                                        页面宽度的20%*/

    background-position:top 100 px left 50%;            /*设置背景图片的位置,距左边
                                                        50%,距顶部100 px*/
}
p{
    font-size:20 px; width:500 px; marging:0 auto;
}
```

3.6.5 CSS 配置列表符号及图片

列表的相关 HTML 部分我们已经了解,一般来讲,一个列表会有很多列表项,通常情况下我们会对列表进行美化和修饰,比如在每个列表项前面设置标号(符号),在列表项前面设置装饰图标,也需要为列表改变位置。所以列表的常用属性需要了解设置列表符号 list-style-type,使用图片符号 list-style-image,改变列表位置 list-style-position。无论是有序列表还是无序列表,在 CSS 中都可以使用相同的属性值。以下是列表样式的常用属性。

(1)设置列表符号

属性为 list-style-type,用来设置列表项的符号类型,基本语法:list-style-type:属性值;。
其常用的属性值及意义见表 3.14,一些不常用的项目符号没有列出来。

表 3.14 list-style-type 各属性值及意义

属性值	属性值说明
disc	黑色圆点●,默认值
circle	空心圆圈○
square	黑色正方形■
decimal 或 1	数字,如:1,2,3,4,…
lower-roman 或 i	小写罗马文字,如:i,ii,iii,iv,…

续表

属性值	属性值说明
upper-roman 或 I	大写罗马文字,如:I,II,III,IV,V,…
lower-latin 或 a	小写拉丁文,如:a,b,c,…z
upper-latin 或 A	大写拉丁文,如:A,B,C,… Z
none	不显示任何符号

而由于列表 CSS 属性在各浏览器上的显示有差异,通常情况,项目编号或者图片都是根据设计稿美化过的样式进行编辑,不采用默认的圆点或者实心方块。

（2）使用图片符号

除了使用上面项目符号,还可以用图片美化列表项,其属性为 list-style-image,语法为:list-style-image:url(图片地址);图片地址跟插入图片一样,可以是相对地址也可以是绝对地址。如果使用图标作为列表项符号,应当先取消列表项默认的小圆点,即 list-style-type:none;。

（3）调整列表位置

列表项符号位于文本的左侧,默认放置在文本以外,可以通过调整位置将其放置到文本以内。属性为 list-style-position,语法为:list-style-position:outside/inside;。各属性值的意义见表 3.15。

表 3.15　list-style-position 各属性值的意义

属性值	属性值说明
inside	列表项目标记放置在文本以内。
outside	默认值。列表项目标记放置在文本以外。

简写属性

与很多属性一样,list-style 也有简写属性,语法为:list-style:none url(图片地址) inside

3.6.6　练一练

完成如图 3.8 所示案例,完成 HTML 及 CSS 部分。在这个案例中为了美化效果,加入了前面背景、文字部分的 CSS 样式。

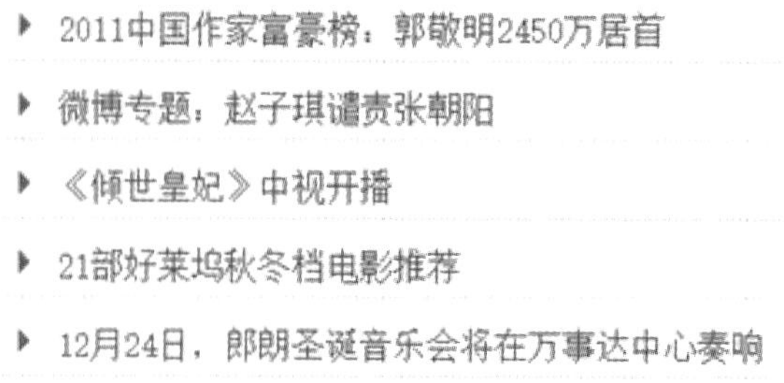

▶ 2011中国作家富豪榜：郭敬明2450万居首

▶ 微博专题：赵子琪谴责张朝阳

▶ 《倾世皇妃》中视开播

▶ 21部好莱坞秋冬档电影推荐

▶ 12月24日，郎朗圣诞音乐会将在万事达中心奏响

图 3.8　列表 CSS 案例

HTML 代码如下所示：

```
<ul >
    <li>2011 中国作家富豪榜:郭敬明 2450 万居首</li>
    <li>微博专题:赵子琪谴责张朝阳</li>
    <li>《倾世皇妃》中视开播 </li>
    <li>21 部好莱坞秋冬档电影推荐</li>
    <li>12 月 24 日,郎朗圣诞音乐会将在万事达中心奏响</li>
</ul>
```

CSS 代码如下所示：

```
ul li{
    background-image:url(images/lb_bj.gif);
    background-position:bottom;
    background-repeat:repeat-x;
    height:28 px;
    line-height:28 px;
    color:#666666;
    list-style-type:none;
    list-style-image:url(images/lb_icon.gif);
    list-style-position:inside;
}
```

3.7　CSS 基础详解

3.7.1　CSS 文字属性

文本在 HTML 中非常重要,默认的文本都是黑色的,大小根据浏览器不同有所变化,文

字字体为宋体或者微软雅黑。而网页中,文本的颜色,间距行距,字体大小,字体效果多种多样,我们必须为之排版,才能使网页看起来重点分明,简明整洁。

本书只列出一些常用的文字属性,如下所述:

(1)设置文字字体

设置文字字体属性为 font-family,基本语法:font-family:字体 1,字体 2,字体 3;,例如:

p{font-family:"微软雅黑","宋体","华文行楷";} 这里有 3 个字体做选择,意思是用户浏览网页所用的计算机首选"微软雅黑"字体,若没有该字体,则选择"宋体",以此类推最后选择"华文行楷"。

通常,在 pc 端宋体是默认字体,每台 pc 机都能识别宋体,一些高版本的浏览器支持微软雅黑。注意,一定不能使用设计师平时做装饰用的艺术字体,浏览器是不认识的。

各字体之间用英文逗号隔开。一些字体中间会出现空格,如 Times New Roman 字体或者中文字体,需要用英文双引号括起来。

(2)设置文字大小

在前面的例子中,已经了解可以通过 font-size 来控制文字大小,基本语法,font-size:尺寸/百分比/关键字。

尺寸:使用尺寸设置文字的大小,单位可以是 px,pt,em。一般使用的单位为 px(像素)或者 em。将在后面介绍 HTML 页面中常用的尺寸单位。

百分比:以父元素中的字体大小为参考值,如果没有设置父元素的字体大小,则是相对于浏览器默认字体大小的百分比,比较少用。

关键字:使用关键字设置文字大小,从小到大包括 xx-samll(极小)、x-small(较小)、small(小)、medium(标准大)、large(大)、x-large(较大)和 xx-large(极大)7 个关键字。在不同类型的浏览器中,使用同一关键字设置的文字尺寸有时候会不同,因此不推荐使用关键字设置文字尺寸。

所以,一般情况下以 px 或者 em 作为单位。这样能保证无论何种浏览器和终端上显示都是一致的。

如:p{font-size:14 px/1.5em;}

(3)设置文字倾斜

文字样式为斜体时,使用 font-style 属性,基本语法:font-style:normal/italic/oblique。各属性值说明见表 3.16。

表 3.16　文本斜体 CSS 属性

属性值	属性值说明
normal	正常显示(没有斜体)
italic	斜体显示
oblique	倾斜文本,在浏览器中效果和 italic 一样

(4)设置文字粗体

文字需要为粗体显示时,使用 font-weight 属性,基本语法:font-weight:normal/bold/bolder/lighter/number;,例如:p{font-weight:bold;}。数字可以选取 100 ~ 900 的 9 级加粗度,意为字体的加粗度,100 最细,900 最粗,400 等价于 normal,700 等价于 bold。bold 比 normal 粗一点,bolder 比 bold 的显示更粗一点,与此相反,lighter 比 normal 更细一点。其各属性值的意义见表 3.17。

表 3.17　文本粗体 CSS 属性

属性值	属性值说明
normal	正常显示(没有粗体)。
Bold	粗体显示。
Bolder	更粗体。
Lighter	更细体。
100~900	100 最细,900 最粗,400 等价于 normal,700 等价于 bold。

(5)设置文字颜色

设置颜色用 color 来定义。取值范围跟设置背景颜色一样,可以是颜色名称、十六进制、rgb 值。用法:color:颜色名称;color:#000000;color:rgb(0,0,255)。

(6)设置英文字异体

属性为 font-variant,作用是将所有小写字母转换为小型大写字母,基本语法:font-variant:normal/small-caps;

(7)简写属性

与背景属性一样,font 也有简写属性,用法:font:italic bold 30 px "微软雅黑",表示文字斜体加粗显示,30 px 大,文字字体为微软雅黑。注意,顺序应该按照 font-style,font-variant,font-weight,font-size,font-family,中间可以省略某个属性,页面会以默认的属性值显示。

(8)文字修饰

修饰文字是指为文字添加下划线、删除线和上划线等,属性为 text-decoration,基本语法:text-decoration:underline|oveline|line-through|blink|none;。其各属性值说明见表 3.18。

表 3.18　文字修饰各属性值的意义

属性值	属性值说明
underline	下划线效果。
overline	上划线效果。

续表

属性值	属性值说明
line-through	删除线效果,比如划掉之前的价格。
blink	文字闪烁效果(多数浏览器不支持)。
none	无文本修饰,常用来取消超链接产生的下划线。

(9)英文字母大小写转换

该属性为 text-transform,基本语法:text-transform:none/capitalize/uppercase/lowercase;,其各属性值及含义见表 3.19。

表 3.19　英文字母大小写转换各属性值的意义

属性值	属性值说明
capitalize	每个单词首字母大写。
uppercase	所有字母都大写。
lowercase	所有字母都小写。
none	默认值显示。

(10)中文字符间距

通过 letter-spacing 属性可以用来调整中文字符或英文字符之间的间距,基础语法:letter-spacing:normal/长度。其中,"长度"的定义与 font-size 一致。

(11)调整英文单词间距

属性为 word-spacing,用来调整英文单词之间的间距,属性值和使用方法与 letter-spacing 属性相同,语法为 word-spacing:normal/长度。

(12)设置文本水平对齐方式

text-align 可以改变文本行之间的对齐方式,可以设置段落的左、中、右和两端对齐。语法为:text-align:left/right/center/justify;,前面 left、right、center 很好理解,就是居左,居右和居中,justify 的意思是绝对两端对齐。

(13)设置段落首行缩进

通常在段落的首行会有退格缩进,CSS 的表达方式为 text-indent,基础语法:text-indent:长度/百分比。一般我们使用 text-indent:2em;,表示首行缩进 2 个字符。

(14)调整行高

为了使段落文本看起来舒服,我们通常会调节行间距,该属性为 line-height,基础语法:

line-height:normal|数字|长度|百分比;。其中,"数字"表示使用绝对数值,如 18 px;"长度"表示设置为当前字高的倍数,如 2em;百分比在设置行高时很少用。一般来讲,设置行高为文字大小的 1.5~2 倍,意思就是当文字大小为 12 px 时,可以设置行高为 1.5em~2em 或者 18 px~24 px 都是比较合适美观的。

(15)文本阴影属性

CSS3 中,使用 text-shadow 可以为文本增加阴影。用法为 text-shadow:5 px 5 px 5 px#ff0000;,代表的顺序为水平距离、垂直距离、模糊大小、阴影大小以及阴影颜色

(16)CSS3 自动换行

CSS3 还增加了一个文本属性为 word-warp,表示可以允许文本在某个区域内强制换行。可以强制将长单词拆分,并换行到下一行。用法为 p{word-wrap:break-word;}

CSS3 还增加了很多新的文本属性,不是太常用,有需要时可以查看参考手册,本书不作详解。

3.7.2　CSS 其他常用属性

CSS 还有很多的显示属性,比如块元素和内联元素的转换,元素是否隐藏或显示。下面讲讲常用的 3 个属性。

(1)Display 属性

3.3.4 章当中我们讲解了什么是块级元素以及什么是内联元素。display 属性可以定义元素的显示类型,属性值 block 是以块状元素的方式显示,inline 是以内联元素的方式显示,none 是不显示。

内联元素是无法定义高度的。它是依附于其他块级元素存在的,因此,对行内元素设置高度、宽度、内外边距等属性,都是无效的,它的宽度、高度都是由内容本身决定的。将一个内联元素(如 a)改为块元素后,该元素会具有块元素的属性,如会单独占据一样,其他跟它在同一行的元素会被迫换行,转到下一行,也可以通过设置高度、宽度、内外边距等属性,来调整的这个元素的样子。其常用属性见表 3.20。

表 3.20　display 常用属性值的意义

属性值	属性值说明
none	此元素不会被显示。
block	此元素将显示为块级元素,此元素前后会带有换行符。
inline	默认。此元素会被显示为内联元素,元素前后没有换行符。
inline-block	行内块元素(CSS2.1 新增的值)。

（2）overflow 属性

overflow 属性规定当内容溢出元素框时发生的事情。具体的属性值说明如表 3.21 所示。

表 3.21　overflow 常用属性值的意义

属性值	属性值说明
visible	默认值。内容不会被修剪，会呈现在元素框之外。
hidden	内容会被隐藏，并且其余内容是不可见的。
scroll	内容会被修剪，但是浏览器会显示滚动条以便查看其余的内容。
auto	根据内容多少，自动决定是否修剪，并通过滚动条查看其余的内容。

扩展用法：overflow-x：属性值；overflow-y：属性值。意思是可以根据水平方向和垂直方向单独规定溢出元素的显示方式。

（3）Opacity 透明属性

当我们需要对某些元素表现为半透明效果时，需要使用到 opacity 属性。语法如下：opacity：0.5。取值范围为 0~1，1 表示不透明，0 表示完全透明。高版本浏览器对 opacity 有了很好的支持。

思考题

如何在低版本的浏览器中显示半透明？

由于老版本的各个浏览器对 opacity 的支持不一致，我们可以通过浏览器前缀使其兼容性更好。如 Ie8 以下 filter：alpha（opacity = 50），Firefox 需要加浏览器前缀如-moz-opactiy：0.5。为了满足所有浏览器，需要写 5 条前缀，如下所示：

-webkit-opacity：0.5；　　　　/* 老 safari 和老 Chrome 浏览器 */

-moz-opacity：0.5；　　　　　/* 低于 Firefox 0.9 版本的 */

-khtml-opacity：0.5；　　　　/* 老式 khtml 内核的 Safari 浏览器 */

opacity：0.5；　　　　　　　/* IE9 以上和所有新版本浏览器 */

filter：alpha（opacity = 50）；　　/* IE 4-8 */

3.7.3　CSS 中的伪类和伪对象

所谓"伪"，就是指不是真正的标签，而是依附于结构标签的一种状态，可分为伪类和结构性伪类，以及伪对象。

（1）常用的 CSS 伪类

在网页中，我们点击超链接，会改变颜色或者变换样式。这通常是 CSS 中称为伪类的技

术实现的。伪类可以对选择符应用特效,下表 3.22 列举了 5 种伪类:

表 3.22　CSS 伪类属性说明

属性值	属性值说明
:link	默认链接时的样式。
:visited	访问过后的样式。
:focus	元素获得焦点时的样式。
:hover	鼠标经过时候的样式。
:active	激活元素时的样式。

伪类在应用中,需要参考上面列表的顺序,也可以省略一个或多个伪类。如果顺序被打乱,样式将不会被正确地引用,一般会为 focus 和 active 设置相同的样式。对于超链接,通常只使用 link 和 hover 状态。

(2)结构性伪类

所谓伪元素选择器,是指并不是针对真正的元素使用的选择器,而是针对 CSS 中已经定义好的伪元素使用的选择器,语法为:选择器:伪元素{属性:值}

伪元素选择器也可以与类配合使用,语法为:选择器 类名:伪元素{属性:值}

结构性伪类的分类说明见表 3.23。

表 3.23　CSS 结构性伪类属性说明

属性值	属性值说明
:first-of-type	应用于指定类型的第一个元素。
:first-child	应用于元素的第一个子元素。
:last-of-type	应用于指定类型的最后一个元素。
:last-child	应用于元素的最后一个。
:nth-of-type(n)	应用于置顶类型的第 n 个元素,n 可以是数字,或者偶数(even)奇数(odd)。

(3)伪对象

伪元素是对元素中的特定内容进行操作。设计伪元素的目的就是去选取诸如元素内容第一个字或字母、文本第一行,选取某些内容前面或后面这种普通的选择器无法完成的工作。它控制的内容实际上和元素是相同的,但是它本身只是基于元素的抽象,并不存在于文档中,所以叫伪元素。伪元素的分类见表 3.24。

表 3.24　CSS3 伪对象属性说明

属性值	属性值说明
:first-letter	将样式应用于元素文本的第一个字或字母。
:first-line	将样式应用于元素文本的第一行。
:before	在元素内容的最前面添加新内容,与 content 结合,见后面案例。
:after	在元素内容的最后面添加新内容,用法同上。

3.7.4　练一练

例 1:

完成图 3.9 所示效果,图 3.9 所示是一个列表结构,每个列表项都 含有超链接,默认链接时字体为黑色,大小为 14 px;鼠标经过时,文字 颜色呈红色显示。请完成 CSS 部分。

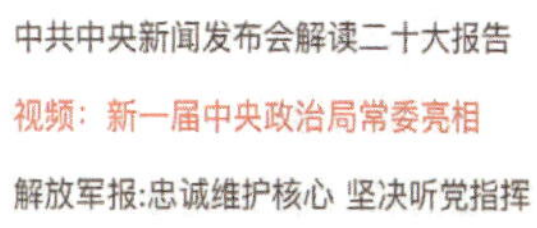

HTML 代码如下:

中共中央新闻发布会解读二十大报告
视频: 新一届中央政治局常委亮相
解放军报:忠诚维护核心 坚决听党指挥

图 3.9　CSS 伪类

```
<body>
<ul>
<li><a href="#">中共中央新闻发布会解读二十大报告</a></li> <li><a href="#">视频:新一届中央政治局常委亮相</a></li>
<li><a href="#">解放军报:忠诚维护核心 坚决听党指挥</a></li> </ul>
</body>
```

CSS 代码如下:

```
* {
margin:0;
padding:0;
}
body{
font-size:12 px;
}
ul li{
list-style:none;
line-height:30 px;
width:80 px;
}
ul li a:link {              / * 默认链接时,去掉下划线,颜色为黑色,大小 14 px * /
```

```
color:#000000;
text -decoration:none;
font -size:14 px;
}
ul li a:hover {                    / *  鼠标经过时,颜色为红色  */
c0l0r:red;
text -decoration:none;
}
```

例 2:

HTML 部分如下所示,页面最终效果如图 3.10 所示,将列表项的偶数行部分设置黄色的背景色,第一个段落设置加粗字体,段落中的第一个 span 标签文字设置为红色。根据图 3.10,请完成 CSS 部分。

```
<body>
<ul>
<li>端午节的故事</li>
<li>端午节节名涵义</li>
<li>端午节民俗习惯</li>
<li>端午节文学记述</li>
</ul>
<p><span>端午节</span>"端午"的"端"字本义为"正","午"为" 中"。"端午"," 中正"也,这天午时则为正中之正。古人历来崇尚中、正之道" 中正"之道在此表现得淋漓尽致。另,端亦有"初"的意思,因此午(五)月的第一个午日,亦谓端午。</p>。
<p>根据统计<span>端午节名称</span>在中国所有传统节日当中叫法最多,达二十多个,如龙舟节、重午节、端阳节、端五节、重五节、当五汛、天中节、夏节、艾节、上日、五月节、菖蒲节、天医节、草药节、浴兰节、午日节等。
</p>
</body>
```

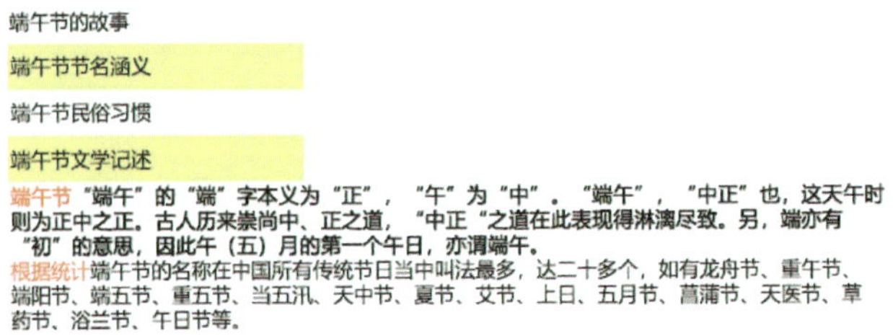

图 3.10   CSS3 结构性属性说明

CSS 代码如下：

```
* {
margin:0;
padding:0;
}
body{
font-size:14 px;
}
ul li{
list-style:none;
line-height:30 px;
width:200 px;
}
ul li:nth-child( even) {              /* 选择列表中的偶数行 */
background:#FF6;
}
p:first-of-type{                      /* 选择文档中第一个 p 标签 */
font-weight:bold;
}
p span:first-child{                   /* 选择 p 标签里面的第一个 span 标签 */
color:#C00;
}
```

同样类型的选择器:last-child　和:last-of-type、:nth-child(n)　和　:nth-of-type(n) 也可以这样去理解。通过这种方式,可以设置交替的背景颜色,或者指定某以列数据为特定样式。CSS3 的结构性伪类目前得到了高版本浏览器的支持,在 IE8 以前的浏览器是不支持的。

例 3:

HTML 部分的页面最终效果如图 3.11 所示,将第一段的第一个字设为 30 px,加粗显示。第二段的第一行设置为黄色背景,第三段的前面加上“端午节介绍:”几个字。根据图 3.11,请完成 CSS 部分。

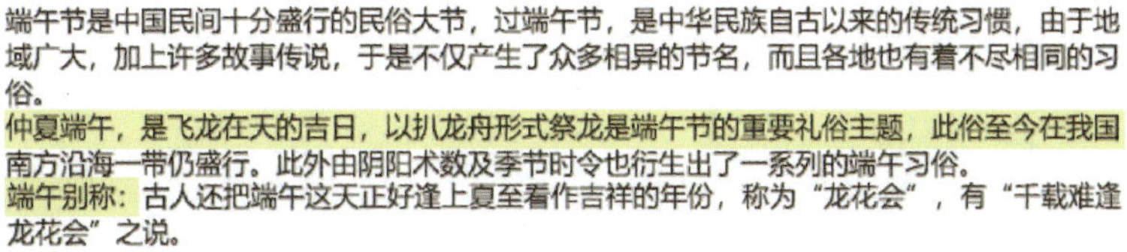

端午节是中国民间十分盛行的民俗大节, 过端午节, 是中华民族自古以来的传统习惯, 由于地域广大, 加上许多故事传说, 于是不仅产生了众多相异的节名, 而且各地也有着不尽相同的习俗。
仲夏端午, 是飞龙在天的吉日, 以扒龙舟形式祭龙是端午节的重要礼俗主题, 此俗至今在我国南方沿海一带仍盛行。此外由阴阳术数及季节时令也衍生出了一系列的端午习俗。
端午别称: 古人还把端午这天正好逢上夏至着作吉祥的年份, 称为“龙花会”, 有“千载难逢龙花会”之说。

图 3.11　CSS 伪对象案例

<p>端午节是中国民间十分盛行的民俗大节,过端午节,是中华民族自古以来的传统习惯,由于地域广大,加上许多故事传说,于是不仅产生了众多相异的节名,而且各地也有着不尽相同的习俗。</p>

<p class="two">仲夏端午,是飞龙在天的吉日,以扒龙舟形式祭龙是端午节的重要礼俗主题,此俗至今在我国南方沿海一带仍盛行。此外由阴阳术数及季节时令也衍生出了一 系列的端午习俗。</p>

<p>古人还把端午这天正好逢上夏至看作吉祥的年份,称为"龙花会",有"千载难逢龙花会"之说。</p>

CSS 代码如下:

```
* {
margin:0;
padding:0;
}
body {
font-size:14 px;
}
p:first-child::first-letter {          /*第一个段落里的第一个字母*/
font-size:30 px;
font-weight:bold;
}
p.two::first-line {                    /*类名为 two 的段落的第一行*/
background:#FF9;
}
p:last-child::before {                 /*最后一个段落的前面加内容*/
content:"端午节别称:";
background:#FF6;
}
```

思考题

1.为什么并没有在 a:hover 中设置文字颜色和无下划线,但仍然包含了有:link 状态的效果?

2.伪元素和伪对象中,为什么有些是一个冒号,有的是 2 个冒号?

3.8 CSS3 中的动画

动画效果,是 CSS3 最吸引人的部分。CSS3 已经变得非常强大,以前网页里必须靠 flash 或者 js 才能实现的动画效果,现在可以靠纯 CSS 代码就可以完成。结合 js,HTML5 的 canvas,还可以做出更炫的动画。CSS3 中的动画效果分为 2D 变形、3D 变形、帧动画,下面我们详细讲解。

使用该属性时,Chrome 和 Safari 需要前缀 -webkit-;Internet Explorer 9 需要前缀 -ms-。

3.8.1 过渡(transition)

CSS 过渡(transition)是通过定义元素从起点的状态和结束点的状态,在一定的时间区间内实现元素平滑地过渡或变化的一种补间动画机制。

通过 transition 你可以决定哪个属性发生动画效果(可以通过明确地列出这些属性),何时开始动画(通过设置 delay),动画持续多久(通过设置 duration),以及如何动画(通过定义 timing 函数,比如线性地或开始快结尾慢)。下面我们详细的进行讲解。

(1)变换的属性名称 transition-property

①可以单独指定元素哪些属性改变时执行过渡(transition),比如指定 background 颜色改变,宽度 width 改变,高度 height 改变等等。

②初始默认值为 all,表示指定元素里面的任何可以过渡的元素都执行动画效果。

③指定为 none 时,动画立即停止。

④语法规则为:选择器{transition-property:none/all/任意元素属性}

(2)过渡持续时间 transition-duration

①用来指定元素过渡过程的持续时间,时间值:1 s(秒),4 000 ms(毫秒),其中 1 000 ms = 1 s。

②其默认值是 0 s,也可以理解为无过渡(transition)效果。

语法规则为:选择器{transition-duration:2 s/1 000 ms;}

(3)过渡速率变化 transition-timing-function

指定 CSS 属性的变换速率,简单地说就是先快后慢、先慢后快、匀速还是逐渐变慢。

关于变换速率的常用属性值如下:

ease:(逐渐变慢)默认值,等同于贝塞尔曲线(0.25, 0.1, 0.25, 1.0).

linear:(匀速),等同于贝塞尔曲线(0.0, 0.0, 1.0, 1.0).

ease-in:(加速),等同于贝塞尔曲线(0.42, 0, 1.0, 1.0).

ease-out:(减速),等同于贝塞尔曲线(0, 0, 0.58, 1.0).

ease-in-out:(加速然后减速),等同于贝塞尔曲线(0.42, 0, 0.58, 1.0)

关于贝塞尔曲线的相关知识本书不作扩展,有兴趣的同学可查阅相关书籍。

具体语法如下：

选择器｛transition-timing-function：ease/ease-in-out/linear/ease-in/ease-out；｝

（4）过渡延迟时间 transition-delay

该属性指定一个动画开始执行的时间，即当改变元素属性值后多长时间开始执行"动画效果"，初始默认值为 0；取值方式和动画持续时间一样，s(秒)或 ms(毫秒)

语法为：选择器（transtition-delay：1s/500ms；）

（5）transition 的简写属性

过渡属性可以简写，即将多个属性值写到一个语句里，如：

Transition：width 2s ease 500ms，boreder 2s linear，background-color 1s ease-in 0.5s。这句话表示 3 个元素属性分别的过渡值。

3.8.2　2d 变形

在二维空间中，元素可以被移位、倾斜、缩放、旋转、2D 变形工作在 X 轴和 Y 轴，也就是我们常说的水平轴和垂直轴。下面讲述下元素如何在 2D 平面进行变换即 transform，包含的基本功能如下：

（1）位移 translate

Translate 是指的一个方法，可以简单地理解为：使用 translate( ) 函数，你可以把元素从原来的位置移动向 x 轴 y 轴移动，而不影响在 X、Y 轴上任何组件。translate( ) 函数可以取一个值 tx，也可以同时取两个值 tx 和 ty，语法为 transform：translate(x,y)，其取值具体说明如下：

x 是一个代表 x 轴（横坐标）移动的向量长度，当其值为正值时，元素向 X 轴右方向移动，反之其值为负值时，元素向 X 轴左方向移动。

y 是一个代表 y 轴（纵向标）移动的向量长度，当其值为正值时，元素向 Y 轴下方向移动，反之其值为负值时，元素向 Y 轴上方向移动。

若只有一个值时，默认为 x 的偏移量，y 默认为 0。

也可以有 translateX(x)；translateY(y)，为 x 轴和 y 轴单独进行设定。

（2）缩放 scale( ) 函数

缩放 scale( ) 函数可以让元素根据中心原点进行缩放。默认值为 1。语法为 transform：scale(x,y)，其中，x 代表水平方向的缩放，y 代表垂直方向的缩放。取值范围为 0~无穷，0.01 到 0.99 之间的任何值，可以使元素缩小；而任何大于或等于 1.01 的值，让元素放大。缩放 scale( ) 函数和 translate( ) 函数的语法非常相似，它可以接受一个值，也可以同时接受两个值，如果只有一个值时，其第二个值默认与第一个值相等，相当于同比例缩放。例如，scale(1,1)元素不会有任何变化，而 scale(2,2)让元素沿 X 轴和 Y 轴放大两倍。设为 0 时，元素就会消失啦。

也可以 scaleX(x)；scaleY(y)，只为 x 轴和 y 轴单独进行缩放。

（3）旋转 rotate（ ）函数

旋转 rotate（ ）函数通过设定的角度使元素根据原点进行旋转。括号里面的值表示旋转的幅度。如果这个值为正值，元素相对原点中心顺时针旋转；如果这个值为负值，元素相对原点中心逆时针旋转。rotate（ ）函数只接受一个值，其语法如下 transform：rotate（deg）。

若需要改变原点位置，可以通过 transform-origin 属性重置元素的旋转原点。

例：

img

transform-origin：top left；　　　　　　　　/*改变原点中心至左上角*/

transform：rotate（45deg）；　　　　　　　　/*根据上诉原点位置顺时针旋转45度*/

}

（4）倾斜 skew（ ）函数

倾斜 skew（ ）函数能够让元素倾斜显示。它可以将一个对象以其中心位置围绕着 X 轴和 Y 轴按照一定的角度倾斜。这与 rotate（ ）函数的旋转不同，rotate（ ）函数只是旋转，而不会改变元素的形状。skew（ ）函数不会旋转，而只会改变元素的形状。语法格式如下：transform：skew（xdeg，ydeg）；x 表示指定元素的水平方向倾斜的角度，y 表示指定元素的垂直方向倾斜的角度。若只有一个值，则为 x 轴的倾斜度，y 轴默认为 0。

与 scale（ ）一样，也可以有 skewX（x）；skewY（y），只为 x 轴和 y 轴单独进行定义。

skew（ ）函数是以元素的原中心点对元素进行倾斜变形，但是我们同样可以根据 transform-origin 属性，重新设置元素基点对元素进行倾斜变形。

（5）矩阵函数

Matrix（ ），不常用，有需要可以查看参考资料。

3.8.3　CSS3 中的 3D 变形

三维变换使用基于二维变换的相同属性，如果已经掌握了 2D 变形，就会觉得 3D 变形的功能和 2D 变换的功能相当类似。差别在于 X 轴和 Y 轴之外，还有一个 Z 轴。这些 3D 变换不仅可以定义元素的长度和宽度，还有深度。CSS3 中的 3D 变换主要包括以下几种功能函数。

（1）3D 位移

CSS3 中的 3D 位移主要包括 translateZ（ ）和 translate3d（ ）两个功能函数；translate3d（ ）函数使一个元素在三维空间移动。这种变形的特点是，使用三维向量的坐标定义元素在每个方向移动多少。其基本语法如下：translate3d（x,y,z）。其属性值取值说明如下：

x：代表横向坐标位移向量的长度；

y：代表纵向坐标位移向量的长度；

z：代表 Z 轴位移向量的长度。此值不能是一个百分比值，如果取值为百分比值，将会认为无效值。

在 CSS3 中 3D 位移除了 translate3d( )函数之外还有 translateZ( )函数。translateZ( )函数的功能是让元素在 3D 空间沿 Z 轴进行位移,其基本使用语法如下:translateZ(z),其中 z 指的是 Z 轴的向量位移长度。

使用 translateZ( )函数可以让元素在 Z 轴进行位移,当其值为负值时,元素在 Z 轴越移越远,导致元素变得较小。反之,当其值为正值时,元素在 Z 轴越移越近,导致元素变得较大。

translateZ( )函数在实际使用中等同于 translate3d($0,0,z$)。仅从视觉效果上看,translateZ( )和 translate3d($0,0,tz$)函数功能非常类似于二维空间的 scale( )缩放函数,但实际上完全不同。translateZ( )和 translate3d($0,0,tz$)变形是发生在 Z 轴上,而不是 X 轴和 Y 轴。

(2)3D 缩放

3D 缩放:CSS3 中的 3D 缩放主要包括 scaleZ( )和 scale3d( )两个功能函数;当 scale3d( )中 X 轴和 Y 轴同时为 1,即 scale3d($1,1,sz$),其效果等同于 scaleZ(sz)。通过使用 3D 缩放函数,可以让元素在 Z 轴上按比例缩放。默认值为 1,当值大于 1 时,元素放大,反之小于 1 大于 0.01 时,元素缩小。其使用语法如下:

scale3d(x,y,z)

其取值说明如下:

x:横向缩放比例;

y:纵向缩放比例;

z:Z 轴缩放比例;

同位移属性一样,缩放也可以只有 scaleZ(z)函数。其取值说明如下:

z:指定元素每个点在 Z 轴的比例。

scaleZ(-1)定义了一个原点在 Z 轴的对称点(按照元素的变换原点)。

scaleZ( )和 scale3d( )函数单独使用时没有任何效果,需要配合其他的变形函数一起使用才会有效果,如同时添加 rotateX(45deg):

(3)3D 旋转

CSS3 中的 3D 旋转主要包括 rotateX( )、rotateY( )、rotateZ( )和 rotate3d( )四个功能函数;

在 2D 变形中,已经了解了如何让一个元素在平面上进行顺时针或逆时针旋转。在三维变形中,我们可以让元素围绕任何轴旋转。为此,CSS3 新增三个旋转函数:rotateX( )、rotateY( )和 rotateZ( )。

使用 rotateX( )函数允许一个元素围绕 X 轴旋转;rotateY( )函数允许一个元素围绕 Y 轴旋转;最后 rotateZ( )函数允许一个元素围绕 Z 轴旋转。

rotateX( )和 rotateY( )于 2D 变形中的函数使用方法是一样的,区别在于 rotateZ( )函数指定一个元素围绕 Z 轴旋转。其基本语法为:rotateZ(z)

rotateZ( )函数指定元素围绕 Z 轴旋转,如果仅从视觉角度上看,rotateZ( )函数让元素顺时针或逆时针旋转,并且效果和 rotate( )效果等同,但他不是在 2D 平面的旋转。

在三维空间里,除了 rotateX( )、rotateY( )和 rotateZ( )函数可以让一个元素在三维空间中旋转之外,还有一个属性 rotate3d( )函数。在 3D 空间,旋转有 3 个程度的自由来描述一个转动轴。轴的旋转是由一个 $[x,y,z]$ 向量并经过元素原点。基本语法为:rotate3d(x,y,z,a)

rotate3d( )中取值说明:

x:是一个 0~1 之间的数值,主要用来描述元素围绕 X 轴旋转的矢量值;

y:是一个 0~1 之间的数值,主要用来描述元素围绕 Y 轴旋转的矢量值;

z:是一个 0~1 之间的数值,主要用来描述元素围绕 Z 轴旋转的矢量值;

a:是一个角度值,主要用来指定元素在 3D 空间旋转的角度,如果其值为正值,元素顺时针旋转,反之元素逆时针旋转。

(4)透视 perspective 属性

3D 变形中,有一个很重要的属性就是透视属性,有了透视,立体感就有了,更能说明 3D。用法为 transform:perspective(500 px);其值可以是正数也可以是负数。这个值表示从这个透视长度查看元素的所有子元素。

(5)3D 矩阵

CSS3 中 3D 变形中和 2D 变形一样也有一个 3D 矩阵功能函数 matrix3d( ),这里不做详解。

注意:倾斜是二维变形,不能在三维空间变形。元素可能会在 X 轴和 Y 轴倾斜,然后转化为三维,但它们不能在 Z 轴倾斜。

3.8.4　Animation 动画

从 Animation 字面上的意思,我们就知道是"动画"的意思。我们运用 Animation 制作的动画效果,对于 flash 或者 js 的动画效果来讲会比较粗糙。但 Animation 确实非常强大,是 CSS3 的一大特色。

(1)Keyframes 帧动画

在开始介绍 Animation 之前我们有必要先来了解一个特殊的东西,那就是"Keyframes",我们把他叫作"关键帧",了解 flash 的同学应该不会陌生。下面说说"Keyframes"是什么。在 2D 和 3D 变换过程中,只定义了初始属性和最终属性,但如果我们要控制得更细一些,比如在第一个时间段执行什么动作,第二个时间段执行什么动作,最后再执行什么动作,这就需要"keyframes"来控制。下面我们一起先来看看 Keyframes 的语法:

@ keyframes　动画名字｛
　　　　0%｛属性 1:属性值 1;属性 2:属性值 2;…｝
　　　　20%｛属性 1:属性值 1;属性 2:属性值 2;…｝
　　　　…
　　　　100%｛属性 1:属性值 1;属性 2:属性值 2;…｝
｝

或者：

@keyframes　动画名字｛

　　　from｛属性1:属性值1；属性2:属性值2；…｝

　　　n%｛属性1:属性值1；属性2:属性值2；…｝

　　　　…

　　　to｛属性1:属性值1；属性2:属性值2；…｝

｝

注意，必须"@keyframes"开头，紧接着加上"动画名称"，动画名称肯定是英文的，最好是语义化一点；0%表示初始值，20%表示运动时间的前20%的效果，100%表示终止属性。可以理解为"@keyframes"中的样式规则是由多个百分比构成的，如"0%"到"100%"之间，我们可以在这个规则中创建多个百分比，我们分别给每一个百分比中给需要有动画效果的元素加上不同的属性，从而让元素可以不断变化的效果，比如说移动，改变元素颜色、位置、大小、形状等。

当用"from""to"来代表一个动画是从哪开始，到哪结束时，相当于form就是初始值，to就是终止值。其中"0%"不能像别的属性取值一样把百分比符号省略，否则，keyframes是无效的，因为keyframes的单位只接受百分比值。

现在我们了解了keyframes(帧动画)的用法，接下来分别看看animation的几个属性。

(2)动画名称 animation-name

animation-name可以用来定义一个动画的名称。其语法为animation-name:动画名;,注意:这里的动画名一定要与keyframes创建的动画名一致，如果不一致，动画将不能产生；none为默认值，当值为none时，也将没有任何动画效果。

(3)动画时长 animation-duration

该属性指元素的动画持续时间，该元素与transition-duration使用方法一样，取值范围不再作详解，如:选择符:｛animation-duration:500ms;｝。

(4)动画变换速率 animation-timing-function

该属性指元素动画运动时的变换速率，使用方法也与transtion-timing-function相似。如:选择符:｛animation-timing-function:ease/ease-in/ease-out/linear/ease-in-out;｝。

(5)动画开始时间 animation-delay

该属性用来指定元素动画开始时间。与transition-delay使用方法一样，如:

选择器｛animation-delay:1s;｝，表示1s之后执行该动画，其默认值也是0。

循环播放次数 animation-iteration-count

该属性用来指定元素播放动画的循环次数。

语法为:选择器｛animation-iteration-count:number;｝,number的取值可以是1,2,…等数字，默认值为"1"，如果需要无限循环，则取值为"infinite"。

(6)动画播放方向 animation-direction

该属性用来指定元素动画播放的方向，有2个取值，分别为normal、alternate。normal指的是动画每次循环都是向前播放,alternate 指的是动画播放在第偶数次向前播放,第奇数次向反方向播放。该属性不常用。

(7) 简写属性 animation

跟前面所讲的 transition 一样,在 animation 属性中同时加入以上的属性值,属性值之间用空格隔开。语法为:animation:animation-name,animation-duration/animation-timing-function/…;

具体的用法如:animation:'pic' 2s ease-in 1s infinite alternate;

3.8.5　练一练

例 1:

HTML 部分如下所示,页面最终效果见如图 3.12 所示。4 个状态都是在鼠标经过的时候产生的变化。

图 3.12　CSS2D 动画

```html
<body>
<br />
<a href="#" class="a1">鼠标扭曲效果</a> <br />
<br /><br />
<div style="background:#666;"> <a href="#" class="a2">鼠标扭曲效果</a> </div>
<br /><br />
<div style="background:#666;"> <a href="#" class="a3">鼠标收缩效果</a> </div>
<br /><br />
<div style="background:#666;"> <a href="#" class="a4">鼠标扭曲效果</a> </div>
</body>
</html>
```

CSS 代码部分如下：

```
* {
    margin:0;
    padding:0;
}
body{
    text-align:center;
}
.a1{
    text-decoration:none;
    text-align:center;
    display:inline-block;
    height:200 px; width:200 px;
    background:#09C;
    color:#000;
    line-height:200 px;
}
.a1:hover{
    -moz-transform-origin: left top;
    -ms-transform-origin: left top;
    -webkit-transform-origin: left top;
    -o-transform-origin: left top;
    transform-origin: left top;
    -moz-transform:rotate(10deg);
    -ms-transform:rotate(10deg);
    -webkit-transform:rotate(10deg);
    transform:rotate(10deg);
}
.a2{
    display:inline-block;
    width:200 px;
    color:#FFF;
    height:40 px;
    background:#036;
}
.a2:hover{
    -moz-transform:translate(20 px,20 px);
```

```
        -ms-transform:translate(20 px,20 px);
        -webkit-transform:translate(20 px,20 px);
        transform:translate(20 px,20 px);
    }
    .a3{
        display:inline-block;
        width:200 px;
        color:#FFF;
        height:40 px;
        background:#036;
    }
    .a3:hover{
        -moz-transform:scale(2,2);
        -ms-transform:scale(2,2);
        -webkit-transform:scale(2,2);
        transform:scale(2,2);
    }
    .a4{
        display:inline-block;
        width:200 px;
        color:#FFF;
        height:40 px;
        background:#036;
    }
    .a4:hover{
        -moz-transform:skew(30deg,10deg);
        -ms-transform:skew(30deg,10deg);
        -webkit-transform:skew(30deg,10deg);
        transform:skew(30deg,10deg);
    }
```

例 2：

Animation 动画效果不好截图，可使用语言来描述。当鼠标经过链接时，产生动画效果，起始状态 0%时背景色为#beceeb，文字颜色 white，宽度为 100 px；50%时背景色透明度 20%的绿色，文字颜色#363；最终状态 100%时背景色为 90%的蓝色，文字颜色为#fff。动画名称为 change，持续时间 4s，循环次数 2 次，播放方向为 alternate 交替播放，速率为先加速然后减速。

HTML 代码如下：

```
<body>
    <a href="#">按钮</a>
</body>
```

CSS 代码如下：

```
a{
    display:block;
    border:1 px solid #69C;
    background-color:#beceeb;
    color:white;
    font-weight:bold;
    font-size:18 px;
    height:40 px;
    line-height:40 px;
    text-decoration:none;
    width:100 px;
    text-align:center;
    margin:0 auto;
}
@ -webkit-keyframes change {
    0% {
        width:100 px;
        color:#fff;
    }
    50% {
        width:200 px;
        color:#363;
        background-color:rgba(0, 255, 0, 0.2);
    }
    100% {
        width:400 px;
        color:#fff;
        background-color:rgba(0, 0, 255, 0.9);
    }
}
a:hover {
    animation-name: change;
```

animation-duration：4s；

animation-iteration-count：2；

animation-direction：alternate；

animation-timing-function：ease-in-out；

}

3.9　表　格

目前网络中的网页通常采用 DIV 来进行布局，基本不再使用表格来布局网页。虽然表格不再用来布局网页，但是网页中某些特殊的应用，用表格比用 DIV 更方便、简洁。如网页中的数据统计表，使用表格可以更清晰地排列数据。在网页的实际制作过程中，表单网页如注册登录页面则更多的采用表格布局，因为表格对表单的位置控制更强大、灵活。能够熟练地使用表格，对于制作网页来说如虎添翼。

3.9.1　创建表格

在 HTML 中创建表格的语法是完全按照表格的自然构成来组织的。

(1) 表格标签

在 WORD 或者 EXCEL 中的表格具有行和列，在网页中表格同样具有行和列。我们在 HTML 文档中创建表格时，首先需要确定创建几行几列的表格，然后才开始创建。因此，表格由三个基本元素组成：table 元素、tr 元素、td 元素。

①table 元素：用来定义表格，整个表格包含在<table>和</table>标签中。

②tr 元素：用来定义表格中的行。一对<tr>和</tr>标签表示表格中的一行。它也是单元格容器，一行中可以包含若干个单元格。

③td 元素：表格的列标记，也是表格的单元格，包含在表格的行标记<tr>中。每个单元格用一对<td>和</td>标签表示。

④th 元素：有时候我们会看到表格中存在 th 元素，其实它跟 td 元素一样也可以表示表格的单元格，所不同的是，它可以用来创建表格的头信息单元格，俗称表头元素，一般用在表格的第一行或者第一列。表头元素从样式上看，其实就是单元格内的文字进行了加粗设置。因此，我们在使用表格时不常用表头元素，而直接采用单元格 td 元素，只需要设置样式来达到表头的显示效果。

⑤caption 元素：表格的标题标签。通过它可以对创建表格的目的和作用作一个简单的说明。caption 元素内的内容即为该表格的标题。caption 元素只能被定义在 table 元素的开始标签之后，tr 元素之前，并且一个表格即一个 table 元素中仅能定义一个 caption 元素。

例：用 HTML 代码表示图 3.13 内容。

课程表

	星期一	星期二	星期三	星期四	星期五
一	大学语文	大学英语	高等数学		大学英语
二	计算机导论	软件工程	人机交互设计	人机交互设计	软件工程
三				高等数学	
四	大学体育				
五		计算机导论			

图 3.13　带标题的表格

HTML 源代码如下：

```
<table width="600" border="1" cellspacing="0" cellpadding="0">
    <caption>课程表</caption>
<tr>
        <th width="50"> </th>
        <th width="105">星期一</th>
        <th width="105">星期二</th>
        <th width="105">星期三</th>
        <th width="105">星期四</th>
        <th>星期五</th>
    </tr>
    <tr>
        <th>一</th>
        <td height="50" align="center">大学语文</td>
        <td align="center">大学英语</td>
        <td align="center">高等数学</td>
        <td align="center"> </td>
        <td align="center">大学英语</td>
    </tr>
    ……
</table>
```

注意：使用<caption>标记创建表格标题的好处在于标题是定义在表格内部的，如果表格移动或者在 HTML 文档中重新定位，标题会跟随表格一起移动的。

（2）表格的基本结构

表格在网页中的结构表现与自然结构是相同的，具有行和列。因此表格的基本结构如下：

```
<table>
<tr>
```

```
        <th> </th>
        <th> </th>
    </tr>
    <tr>
        <td> </td>
        <td> </td>
    </tr>
</table>
```

表格<table>标签中包含行<tr>标签,在行标签中包含列<td>标签。

（3）表格的属性

HTML 中的每个标签都具有它自身特有的属性,表格在网页中的表现也是通过 HTML 标签展现的,因此,它的每个标签都具有相对应的属性。

1）<table>标签的宽 width、高 height 和边框 border 属性

<table width="600" height="500" border="1">……</table>

width 属性:用来设置表格的宽度。

height 属性:用来设置表格的高度。

border 属性:用来设置表格边框的粗细。它的属性值只能是一个整数,不能具有小数。并且<td>标签会继承该边框的粗细,也会具有设置像素的边框线。但可以在样式表中重新定义单元格的边框样式。

提示:<tr>和<td>以及<th>标签也都可以设置 width 和 height 属性。但是<tr>设置 width 属性是没有效果的,因为行宽在<table>标签中已定义,即表格的宽度,在行标签中设置宽无效。<tr>标签可以设置 height 属性,并且是有效果的,即行高。每对<td>标签都可以设置 width 和 height 属性。但是在同一行中的单元格,单元格的高度是以这一行中最高的高度为标准显示;在同一列中的单元格,单元格的宽度是以这一列中最宽的宽度为标准显示。

2）<td>标签的水平对齐方式 align 和垂直对齐方式 valign 属性

表格中的单元格具有水平方向上的和垂直方向上的两种对齐方式。其中 align 属性设置水平对齐方式,valign 属性设置垂直对齐方式。但通常我们会结构样式分离,将对齐属性写到 CSS 中去。

3）表格的背景属性

表格的背景分为背景颜色和背景图像。通常情况也是把这些属性写到 CSS 中去。

bgcolor 属性:用来设置整个表格或者某个单元格的背景颜色。

background 属性:用来设置整个表格或者某个单元格的背景图像。

背景属性设置在<table>标签中,表示设置的是整个表格的背景,它可以被行、列或者单元格设置的背景颜色或背景图像所覆盖;背景属性设置在<tr>和<td>标签中表示设置的是这一行或这一单元格的背景颜色或背景图像,只显示在这个标签的范围区域。

3.9.2　单元格合并及拆分

表格中的单元格可以合并,也可以拆分。

(1)单元格的合并

合并单元格是将表格中相邻的多个单元格合并成一个单元格,有横向上的合并和纵向上的合并。

1)横向合并单元格

横向合并单元格就是将一行中的几个单元格进行合并,合并的是单元格的列数,用属性colspan 来进行设置,相应的这一行中的单元格个数对应减少。属性值是一个数字,表示合并的单元格的个数。

2)纵向合并单元格

纵向上的单元格合并是将同一列中的几个单元格进行合并,合并的是这一列单元格的行数,用属性 rowspan 来进行设置,相应的其他行中的单元格个数对应减少。它的属性值也是一个数字,表示合并的单元格的个数。

在我们对单元格合并的实际应用中,并不一定只有横向的合并或者只有纵向上的合并,有时候既有横向上的合并,也有纵向上的合并,即将相邻的多行多列单元格进行合并。合并后的单元格中既有 colspan 属性,也有 rowspan 属性。

(2)单元格的拆分

一个单元格可以拆分成多个单元格。单元格拆分时可以拆分成多行,也可以拆分成多列,但是一次拆分只能操作一个单元格,并且一次拆分要么拆分成多行,要么拆分成多列,不能一次操作既有多行又有多列的拆分。既有多行又有多列的拆分可以分多次进行。

单元格的拆分,其实质是将其他相关的单元格进行合并操作。如:我们将一行中的一个单元格拆分成两行的两个单元格,而这一行中其他的所有单元格,都纵向上合并了两个单元格,分别增加了 rowspan="2" 的属性,并且表格会增加一行即多了一对<tr>标签,<tr>标签中只有一对<td>标签。

3.9.3　表格的嵌套

表格可以用来布局网页,但是网页的栏目板块有时候是不规则展现的。因此,要用标准的表格去布局不规则的网页栏目时,会采用一定的表格嵌套来完成。

表格的嵌套就是在建立的表格中的某一个单元格当中,再创建一个表格出来。

注意:现在这种复杂的表格嵌套用得很少了,几乎不会用到页面布局中。

3.10　表单的应用

HTML 表单通常在网页中表现为注册、登录页面,调查信息表、订单页面以及一些搜索界面等。这些页面主要是用来搜集用户信息,并且将这些收集来的信息发送到服务器端进行处理。因此,表单是客户端与服务器端传递数据的桥梁,也是用户与服务器之间实现相互交互的最主要的方式。

3.10.1　建立 HTML 表单

网页中的表单用<form></form>标签进行创建。表单标签是双标签,用一对标签分别定义表单的开始位置和结束位置,在标签对之间创建表单控件。在表单的开始标签<form>中,可以设置表单的基本属性,包括表单的名称 name 属性,处理表单数据的目标程序 action 属性以及传送数据的方法 method 属性等。表单<form>标签相当于是表单的容器,里面除了包含表单控件外,还可以包含其它的文本元素,如段落、列表等。

表单标签中常用的属性:

①name 属性:用来设置表单的名称。

②action 属性:用于设定表单数据处理程序 URL 的地址。

例如:http://localhost/test.asp。

③method 属性:用来定义数据传递到服务器的方式。有 4 种方式,即它的属性值有 4 种值:

Get 方式,将表单中的数据加在 action 指定的地址后面传送到服务器,即将表单控件中的输入数据按照 HTTP 传输协议中的 GET 传输方式传送到服务器端。这种方式传送的字段小,安全性低。

Post 方式,将表单中所有控件的输入数据按照 HTTP 传输协议中的 POST 传输方式传送到服务器。这种传输方式传送的字段大,安全性高。

Put 方式,则是将输入数据按照 HTTP 传输协议中的 PUT 传输方式传送到服务器。

Delete 方式,则是将输入数据按照 HTTP 传输协议中的 DELETE 传输方式传送到服务器。

3.10.2　创建表单控件

用户与表单交互是通过表单的控件进行的。表单控件通过 name 属性进行标识,通过 value 属性值获取输入数据。表单的提交是通过表单的提交按钮完成的。

现在,我们来创建表单控件。在表单控件中,input 元素可以定义表单中的大部分的控件,控件的类型由 type 属性值决定,不同的值对应不同类型的表单控件,见表 3.25。

表 3.25　input 元素的 type 属性值

type 属性值	控件的类型说明
text(默认)	表示单行输入文本框。
password	表示密码框,输入的数据用星号显示。
radio	表示单选框。

续表

type 属性值	控件的类型说明
checkbox	表示复选框。
file	表示文件域,由一个单行文本框和一个"浏览"按钮组成。
submit	表示提交按钮,将表单数据发送到服务器。
reset	表示重置按钮,将重置表单中的数据,以便重新输入。
button	表示普通按钮,应用 value 的属性值定义按钮上的文字显示。
image	表示一个图像按钮。
hidden	表示隐藏文本框。

除了 type 属性,input 元素还有一些常用的属性:

①属性 name:为表单控件定义一个名称标识,这个名称将与控件的当前值组成"& 名称=值"对一同随着表单数据进行提交。

②属性 value:用于指定初始值,即默认的显示值。当文本框中没有输入信息时,在网页中显示出来的初始值。它是可选的,可以不设置,但是 value 属性非常重要,因为它的值将会被发送到服务器,即使是单选框或复选框都最好设置好 value 属性,这样提交数据时也可以将单选框和复选框中用户所选择的信息提交出去。

③属性 size:设置表单控件的初始宽度,值是以字符的个数为单位。

④属性 checked:这个属性只针对单选框和复选框进行设置。它是一个逻辑值,指定单选框或复选框是否处于选中状态。当表单控件(单选框或复选框)中设置该属性时,表示该选择框被选中,没有设置则表示该选择框没有被选中。checked 属性只用于单选框和复选框,且只有一个属性值,属性值也是"checked"。

⑤属性 maxlength:指定表单控件中可以输入的最大字符数,数值可以超过 size 属性设置的数值。该属性常用于单行输入文本框和密码框。如果控件中不设置该属性,表示该控件对输入字符数没有限制。

⑥属性 src:只针对 type="image" 的图像按钮,用来设置图像文件的路径。

还可以设置 readonly 属性,用于在文本框中显示文本,而不能输入数据。

3.10.3 HTML5 新增表单控件

在 HTML5 中新增了一些表单的控件,主要是 input 元素的 type 属性值的增加。HTML5中新增的表单控件见表 3.26。

表 3.26　nput 元素在 HTML5 中新增的 type 属性值

type 属性值	控件的类型说明
color	调色板控件,目前呈现为单行文本框。
date	日期控件。
datetime	日期和时间控件。
datetime-local	本地日期和时间控件。
email	一个单行文本框,呈现 email。
month	月份控件。
number	表现为一个单行文本框,或带步进按钮。
range	滑动刻度控件。
search	搜索文本框,一般在文本框中显示一个关闭符号。
tel	单行文本框,用来输入电话号码的文本框。
time	时间控件。
url	单行文本框,用来输入一个完整 URL 地址,包括传输协议。
week	星期控件。

HTML5 中新增的这些表单控件大部分都可以执行数据验证功能,这些控件提供了更好的输入控制和数据验证。

（1）**color 类型**

该控件用于设置一个颜色的选择框,如:<input type = " color" name = " user_color">,在 Chrome 浏览器中显示出一个具有默认值为"#000000"的黑色颜色框,当点击这个颜色选择框后,弹出一个颜色选择器。用户可以在颜色选择器中选择自己需要的颜色。效果如图 3.14 所示。

这里的颜色是用一个 RGB 的颜色值表示的颜色。

（2）**email 类型**

用于设置一个输入邮箱地址的输入框。如:<input type = " email" name = " user_email">。当在设置为 email 类型的输入框中输入一个不是邮箱地址的字符时,提交表单会弹出一个提示错误信息的提示框。图 3.15 是在 Chrome 浏览器中提交表单时的显示效果图。

email 类型的输入框在提交表单时,会自动验证输入的值是否是一个正确的邮箱地址。不同的浏览器,提示信息会有所不同。

（3）**number 类型**

用于一个设置数值的输入框。可以对输入的数值设定一个范围,分别用 min 属性设置最小数值,用 max 属性设置最大数值。如:<input type="number" name="use_age" min="14" max="100">。在 Chrome 浏览器中的显示效果如图 3.16 所示。

图 3.14　color 类型选择框

图 3.15　email 类型的输入框

图 3.16　number 类型的数值输入框

　　在提交表单时,会自动验证输入的值是否在控件所设置的限定范围内。如果不在设置的范围内,提交时会弹出一个错误提示框显示错误信息。number 类型输入框在浏览器中的显示通常会有一个步进按钮。number 类型的限定属性见表 3.27。

表 3.27　number 类型的限定属性

属性	说明
max	规定允许的最大值
min	规定允许的最小值
step	规定合法的数字间隔,如 step="3",合法的数是 -3、0、3、6 等
value	规定默认初始值

（4）**range 类型**

用于设定一定范围内的数字值，通常表现为一个滑动条。可以用 min 属性设置最小值，用 max 属性设置最大值。如：<input type = "range" name = "price" min = "10" max = "20">。在 Chrome 浏览器中的显示效果如图 3.17 所示。

图 3.17　range 类型显示的滑动条

当拖动滑块到一个位置后，提交表单，提交的数据中会显示出所拖动滑块拖动到的位置数值。

（5）**search 类型**

用于设定搜索框，如关键词搜索<input type = "search" name = "key_words">。search 类型显示出一个单行文本框的形式。在 Chrome 浏览器中显示的搜索框，当用户往里输入内容时，会在搜索框的右侧显示一个删除图标按钮，如图 3.18 所示。

图 3.18　搜索框的删除图标按钮

搜索框会自动记录一些已输入过的字符，当鼠标点击进入该搜索框里时，会将记录的字符展现出来，如图 3.19 所示。

图 3.19　搜索框自动记录输入字符

（6）**tel 类型**

用于定义一个电话号码的输入框。但是电话号码的形式多种多样，很难有一个固定的模式。因此，仅仅用 tel 类型来定义电话号码是无法实现的，通常与 pattern 属性结合使用，利用 pattern 属性的正则表达式来规定电话号码的格式。如：<input type = "tel" name = "phone_number" pattern = "^\d{11}$">，定义了一个必须具有 11 位数字的手机号码输入框，当格式不正确，提交表单时，会弹出一个错误提示信息框，如图 3.20 所示。

图 3.20　tel 类型输入框

（7）**url 类型**

用于设置一个 URL 地址的输入框。在该输入框中输入的内容必须是一个绝对的 URL 地址，否则在提交表单时就会弹出错误提示信息。如：<input type = "url" name = "user_url">。在 Chrome 浏览器中的显示效果如图 3.21 所示。

图 3.21   url 类型输入框

这个地址输入框在输入 URL 地址时必须输入一个完整的绝对 URL 地址,包括传输协议,否则在提交表单时会报错。只要有传输协议则不会出任何问题。传输协议可以使用 HTTP 或者 FTP。

(8) datepickers 日期选择器

HTML5 中提供了多种选择日期和时间的输入类型,用于验证输入的日期。

date:用于选取年、月、日。如:<input type="date" name="user_date">。

month:用于选取年和月。如:<input type="month" name="user_month">。

week:用于选取年和第几周。如:<input type="week" name="user_week">。

time:用于选取时间,小时和分钟。如:<input type="time" name="user_time">。

datetime:用于选取 UTC 时间,包括年、月、日、小时和分钟。如:<input type="datetime" name="user_datetime">。但在浏览器显示该类型的日期输入类型时,呈现出的是一个单行文本输入框,并不能选择日期,而且也不对日期格式进行验证。

datetime-local:用于选取本地时间,包括年、月、日、小时和分钟。如:<input type="datetime-local" name="datetime_local">。

日期选择器所涉及的这几种选取日期的输入类型,在 Chrome 浏览器中的显示效果如图 3.22 所示。

图 3.22   日期选择类型输入框

其中可以选择月和日的日期类型的输入框,虽然会验证日期的格式,但是却不会验证日期的准确性,也就是不会判断月份的大小月以及二月是否是闰月,所有的月份都具有 31 天。每个能够选取日期类型的输入框右侧都具有一个删除图标按钮,一个附带步进按钮,一个点击弹出日期选择的下拉框图标。选取的日期可以通过删除图标按钮删除,也可以通过步进按钮选择或者通过下拉框中的日期控件选择。

3.10.4　HTML5 新增表单属性

HTML5 为表单新增了一些属性设置,使表单控件的功能更全面。下面介绍几种常用的新增属性:

（1）**autofocus 属性**

该属性规定页面加载后,表单控件是否自动获取输入焦点。表单中的＜button＞、＜input＞、＜keygen＞、＜select＞和＜textarea＞标签都可以使用 autofocus 属性。＜input＞元素的所有类型都可以使用该属性。

通常情况下,一个表单中只有一个表单控件设置该属性。

（2）**width 和 height 属性**

在以前的 HTML 版本中,表单控件都不具有 width 和 height 属性,如果要设置它的宽和高都是通过样式的设置来实现。在 HTML5 中新增了 width 和 height 属性,但它们只适用于 image 类型的＜input＞元素。width 和 height 属性定义图像按钮的宽和高。如:＜input type＝" image" src＝" button.gif" width＝"100" height＝"25"＞。

（3）**list 属性**

list 属性定义输入框的＜datalist＞元素的 id 值。＜datalist＞元素定义输入框的选项列表。如下面的代码:

选择:＜input type＝" text" list＝" book_list" name＝" book"＞
＜datalist id＝" book_list"＞
　　＜option label＝" php" value＝" PHP 程序设计"＞＜/option＞
　　＜option label＝" java" value＝" JAVA 编程"＞＜/option＞
　　＜option label＝" UI" value＝" UI 界面设计"＞＜/option＞
　　＜option label＝" html" value＝" 网页制作基础"＞＜/option＞
＜/datalist＞

在 Chrome 浏览器中的显示效果如图 3.23 所示。

图 3.23　list 属性应用

list 属性适用于＜input＞标签中的 text 类型、search 类型、url 类型、tel 类型、number 类型、email 类型、range 类型、color 类型和日期选择器。

（4）**min、max 和 step 属性**

这 3 个属性通常用于包含数字或日期的表单控件设置限定约束。min 属性设置限定的最小值,max 属性设置限定的最大值,step 属性设置表单控件允许的数字间隔。如 step = 5,则控件允许的合法数字是-5、0、5、10 等。

如:<input type = "number" name = "shuzi" min = "0" max = "10" step = "3">。在 Chrome 浏览器中的显示效果如图 3.24 所示。

数字: 6 ♦

图 3.24　step 属性应用

当 step 设置为 3 时,在上例中的合法数字为 0、3、6、9 这几个数字。这 3 个属性适用于 <input>元素里的 number 类型、range 类型和日期选择器。

(5)pattern 属性

定义用于验证输入框的正则表达式。pattern 属性主要用来设置正则表达式,适用于 <input>元素的 text、search、url、tel、email 和 password 类型。

(6)placeholder 属性

该属性从字面上可以理解为占位。在输入框中设置该属性,当输入框为空时显示设置的属性值,当输入框中具有输入内容时消失。如在注册页面中的用户名文本框,提示用户用手机号或邮箱进行注册:<input type = "text" name = "user_name" placeholder = "手机号/邮箱">,在浏览器中显示效果,如图 3.25 所示。

用户名: 手机号/邮箱

图 3.25　placeholder 属性应用

placeholder 属性适用于<input>元素的 text、search、url、tel、email 和 password 类型。

(7)required 属性

required 属性规定在表单提交时,表单中输入框的内容不能为空,否则会有错误提示信息。如在登录页面中,用户名和密码输入框的内容不能为空。

例如:

<form>

用户名:<input type = "text" name = "user_name" required>

密码:<input type = "password" name = "user_pws" required>

<input type = "submit" value = "提交">

</form>

当提交表单时,如果用户名和密码框其中之一为空时,则会有错误提示信息弹出。如图 3.26 所示。

required 属性适用于以下类型的 < input >标签:text、search、url、tel、number、email、password、radio、checkbox、file 和日期选择器。值得注意的是 required 属性验证输入框的内容是否为空时,如果在输入框中输入的空格符号,required 属性判断为有内容,即将空格作为了一种字符处理。

图 3.26 required 属性应用

3.11 媒体对象

在网页上插入音频、视频可以使其显得更生动,如 Object 对象标签、Embed 嵌入对象。HTML5 增加了一些多媒体和交互元素,帮助我们更好的显示音频或视频,如 Video 视频播放、Audio 声音播放、Source 媒体元素等,在本节进行简述。

3.11.1 Object 对象

该元素用来将各式各样的资料配置到网页中,例如影像、图片、动画、甚至 WORD 文件等。但是这些影像文件是否能正确显示,得看浏览器是否支持。例如 flash 动画,浏览器必须安装外挂的播放器程序,否则 flash 动画无法显示。HTML5 删除了 HTML4 中 Object 元素的很多属性,支持 HTML5 的属性见表 3.28。

表 3.28 object 对象属性

属性	属性说明
data	必要属性,指定对象数据源的 URL,在 HTML4 标准中,若属性值为相对 URL,将以 codebase 属性的属性值为基准 URL。
type	data 属性所指定的数据的 mime 形态。
uesmap	将对象设定为客户端的影像地图,URL 格式为"#mapname",其中 mapname 对应于 map 元素的 id 属性值。
width	指定对象的宽度,属性至可为正整数的像素值或这百分比值。
height	指定对象的高度,属性至可为正整数的像素值或这百分比值。

语法规则为:

<object data="属性值" type="属性值" title="属性值" width="属性值" height="属性值"></object>

例 1:

<object data="1.mov" type="video/quicktime" width="400" height="200"></object>

例 2:

<object data="2.mpg" type="video/mpg" width="400" height="200">

```
<param name="src" value="2.mpg">
<param name="autoplay" value="false">
<param name="autoStart" value="0">
</object>
```

注意:利用 Object 元素播放多媒体文件,部分浏览器会因为缺乏对应的影片外挂播放程序而无法正常显示,此时,浏览器会显示要求安装播放多媒体文件播放程序的提示。

3.11.2　Embed 对象

该元素用来嵌入对象,如多媒体对象 flash。该元素为一个空元素,是一个单标签。语法规则如下:<embed src="属性值" type="类型" height="属性值" width="属性值">。

属性说明见表 3.29。

表 3.29　Embed 对象属性

属性	属性说明
Src	必要属性,指定嵌入对象的来源路径。
type	嵌入对象的 mime 类型。
width	指定对象的宽度,属性至可为正整数的像素值或这百分比值。
height	指定对象的高度,属性至可为正整数的像素值或百分比值。

例 1:如下是插入 flash 文件。

`<embed src="01.swf" type="application/x-shockwave-flash" width="400" height="300"></embed>`

例 2:如下是插入 avi 影片。

`<embed src="01.avi" type="video/mpeg" width="400" height="300"></embed>`

注意:同上,浏览器必须已安装对应嵌入对象的插件,嵌入对象才能政策显示。如 opera 未正常安装 avi 影片文件的插件,浏览器会显示要求安装插件的提示。

3.11.3　Video 对象

该元素是用来播放视频的元素,但因各个浏览器在 HTML5 video 元素的可播放影片格式方面支持不一致,若要让我们的网页文件能够兼容各种主流浏览器,并通过 video 元素来播放影片,则至少需准备"*ogg""*ogv""*mp4""*m4v"这些类型的影片。由于 Video 元素的 src 属性只能有一个 URL 值,所以当我们希望网页文件能够兼容各种主流浏览器,并通过 Video 元素来播放影片,则必须利用 Source 元素来定义多个影片来源,而不是 Video 元素的 src 属性。在 Video 元素的标签内容中可放入相关的文字说明,当旧的浏览器不支持 Video 元素时,这些内容将会显示在网页文件中。

语法为：<video src＝"属性值" controls loop autoplay poster＝"属性值" height＝"属性值" width＝"属性值">。

属性说明见表 3.30。

表 3.30　Video **属性**

属性	属性说明
src	设置影片播放来源路径。属性值仅能为单一来源的 URL,不可复数指定。
poster	指定影片开始播放前显示的预览图片来源 URL。
autoplay	设置或返回是否在就绪(加载完成)后随即播放视频。若不加此属性,当影片文件成功加载时在是并不会自动开始播放。
loop	设置或返回视频是否应在结束时再次播放。未加属性时,结束后会停止播放,反之,则重复播放。
preload	设定影片是否要预先加载。取值可为 none,auto,metadata。
controls	设置或返回视频是否应该显示控件(比如播放/暂停等)。
width	指定对象的宽度,属性至可为正整数的像素值或这百分比值。
height	指定对象的高度,属性至可为正整数的像素值或这百分比值。

表 3.31 是当前 Video 元素可使用的影片格式与各家浏览器支持对照表。

表 3.31　Video **与浏览器支持对照表**

影片格式	IE	Firefox	Opera	Chrome	Safari
Ogg	No	3.5+	10.5+	5.0+	No
MPEG 4	9.0+	No	No	5.0+	3.0+
WebM	No	4.0+	10.6+	6.0+	No
Ogg	No	3.5+	10.5+	5.0+	No

例:播放 ogg 影片文件和 mp4 文件,并增加影片缩略图。

<video src＝"01.ogg" controls＝"controls" poster＝"img/01.jpg" width＝"400" height＝"300">

<video src＝"01.mp4" controls＝"controls" poster＝"img/01.jpg" width＝"400" height＝"300">

3.11.4　Audio **对象**

该元素是用来播放声音的元素,但因各个浏览器在 HTML5 Audio 元素的可播放声音文件格式支持不一致,若要让我们的网页文件能够兼容各种主流浏览器,并通过 Audio 元素来播放影片,则至少需准备"＊ogg""＊mp3"这些类型的声音文件。由于 Audio 元素的 src 属性只能有一个 URL 值,所以当我们希望网页文件能够兼容各种主流浏览器,并通过 Audio 元素来播放影片,则必须利用 Source 元素来定义多个声音文件来源,而不是 Audio 元素的 src 属性。在 Audio 元素的标签内容中可放入相关的文字说明,当旧的浏览器不支持 Audio 元素时,这些内容将会显示在网页文件中。

语法为:<audio src＝"属性值" controls loop autoplay poster＝"属性值" >。

属性说明见表 3.32。

表 3.32　Audio 属性

属性	属性说明
src	设置声音播放来源路径。属性值仅能为单一来源的 URL,不可复数指定。
autoplay	设置或返回是否在就绪(加载完成)后随即播放声音文件。若不加此属性,当声音文件成功加载时在是并不会自动开始播放。
loop	设置声音文件是否应在结束时再次播放。未加属性时,结束后会停止播放,反之,则重复播放。
preload	设定声音文件是否要预先加载。取值可为 none,auto,metadata。
controls	设置是否应该显示控件(比如播放/暂停等)。

表 3.33 是当前 Audio 元素可使用的声音文件格式与各浏览器支持对照表。

表 3.33　Audio 与浏览器支持对照表

影片格式	IE	Firefox	Opera	Chrome	Safari
Ogg Vorbis	No	3.5+	10.5+	3.0+	No
MP3	9.0+	No	No	5.0+	3.0+
Wav	No	3.5+	10.5+	No	3.0+

例 1:播放 mp3 声音文件

< audio 　src＝"01.mp3" controls＝"controls" >

例 2:播放 ogg 声音文件

< audio 　src＝"01.ogg" controls＝"controls" autoplay>

3.11.5　Source 媒体元素

Source 是 Video 与 Audio 元素的子元素。因各个浏览器在 HTML5 Audio 与 Video 元素

的可播放影片、声音文件格式支持不一致,若要让我们的网页文件能够兼容各种主流浏览器,并通过 Audio、Video 元素来播放影片和声音,需要准备多个类型的文件。另一方面,由于 Audio、Video 元素的 src 属性只能有一个 URL 值,所以我们必须利用 Source 元素来定义多个影片、声音文件来源,而不是 Audio 与 Video 元素的 src 属性。在 Audio 和 Video 元素中,可以同时使用多个 Source 元素,由于使用了 Source 属性,不可再为 Video 和 Audio 设定 src 属性,否则 Video 与 Audio 元素标签的 Source 元素等同无效。

属性说明见表 3.34。

表 3.34　Source **属性**

属性	属性说明
src	设置影片、声音播放来源路径。属性值仅能为单一来源的 URL,不可复数指定。
Type	指定播放来源用的 mime 类型。
Media	指定播放来源是哪一种媒体或设备。取值可以是 all/aural/ braille/ handheld/ projection /print/tty/tv。

例 1:播放多个声音文件

```
< audio controls >
<source src = "01.mp3" >
<source src = "02.ogg" >
</audio>
```

例 2:播放影片文件

```
< video width = "320" height = "240" controls >
<source src = "01.mp4" type = "video/mp4" >
<source src = "02.ogg" type = "video/ogg" >
</ video >
```

第4章 网页布局基础

在前面的章节中,我们掌握了基本的 HTML5 标签及属性和 CSS3 的常用属性,但仅靠这些知识还不能完整地进行网页布局。要想将网页合理布局,首先要掌握盒子模型,其次掌握布局的方法(如浮动法和定位法),本章将详细进行介绍。

4.1 盒子模型

盒子模型是 CSS 中较为重要的核心概念之一,它是使用 CSS 控制页面元素外观和位置的基础。只有充分理解盒子模型的概念,才能进一步掌握 CSS 的正确使用方法。

网页文档中的每个元素都可视为一个盒子。可以理解为,网页布局就是将大大小小的盒子通过嵌套来进行合理摆放。在布局过程中,最需要关注的是盒子尺寸计算、是否会在不同浏览器移位等。一个标准的 W3C 盒子模型由 content(内容)、padding(填充,也称内边距)、margin(外边距)和 border(边框)这 4 个属性组成,如图 4.1 所示。

图 4.1　盒子模型

我们也可以通过生活中的盒子来理解。content 就是盒子里装的东西,盒子一定会有宽度和高度;盒子外壳的厚度就是(border)边框;盒子里面的内容距盒子的边框会有一定的距离,这就是内边距(padding);而盒子之间的间距就是外边距(margin)。

4.1.1　宽度和高度

(1)宽度(width)

Width 属性是指元素的内容在浏览器可视区域中的宽度。基本用法如下:

width:像素值/百分比;

可以指定数值(比如 100 px)或者相对于父元素的百分比(如80%)。注意,这里的 width 与单个元素的宽度不同。元素的宽度包括元素的内容、内边距(填充)、边框和边距,而 width 属性只为实际内容(即 content)的宽度。

(2)最小宽度(min-width)

min-width 属性从字面意思可以理解为最小宽度,基本用法如下:

min-width:像素值/百分比;

其取值和 width 的方法一样,可以是数值可以是百分比。元素可以比指定值宽,但不能比其窄。设置最小宽度可以防止内容在浏览器改变大小时影响显示。如果浏览器变得比最小宽度还要小,可以显示滚动条或者隐藏超出的内容。

(3)最大宽度(max-width)

max-width 属性从字母意思理解为最大宽度,基本用法如下:

max-width:像素值/百分比;

元素可以比指定值小,但不能比其宽。使用方法同上。设置最大宽度可以防止内容在高分辨率屏幕中改变显示方式而变成很长的一行。

(4)高度(height)

height 属性指元素的内容在浏览器可视区域中的高度,可以指定数值(比如 900 px)或者相对于父元素的百分比(比如 60%)。若不为元素指定高度,元素的高度一般为内容自身的高度,背景图片也可能不会显示完全。

(5)最小高度(min-height)

min-height 属性为最小高度。基本用法如下:

min-height：像素值/百分比;

该属性会对元素的高度设置一个最低限制。元素可以比指定值高,但不能比其矮。

(6)最大高度(max-height)

min-height 属性为最小高度。基本用法如下:

max-height：像素值/百分比;

该属性会对元素的高度设置一个最低限制。元素可以比指定值矮,但不能比其高。

以上所有宽度高度属性都不包括外边距、边框和内边距,都是指元素内容本身的高度。

4.1.2 边框(border)

现实生活中盒子的边框有厚度、颜色和样式。网页中元素的边框(border)也包含同样的一些属性,具体为 border-width(边框的厚度),border-style(边框的样式),border-color(边框的颜色),缺一不可。在 CSS3 中,还可以为边框设置为圆角,即 border-radius,还有边框的阴影,即 border-shadow。

(1)边框宽度 border-width

边框的宽度分为 4 个方向,分别是 top,right,bottom,left。基本语法如下:

border-width:数值;

数值通常情况是使用的 px 或者 em。取值可以有 1~4 个值。1 个值的时候表示 4 个方向宽度都是相同的;2 个值的时候表示上下和左右;3 个值的时候表示上、左右、下;4 个值的时候表示当四个方向的宽度不一致时,以顺时针方向为上、右、下、左的方向进行定义。多个宽度值之间用空格分隔,如 border-width:10 px 5 px 2 px 15 px;分别指上边框 10 px,右边框 5 px,下边框 2 px,左边框 15 px。也可以单独为某一个方向设定宽度,如 border-top-width:2 px,border-right-width:0 px,border-bottom-width:5 px,border-left-width:3 px。

(2)边框颜色(border-color)

边框颜色同宽度一样也是四个方向,基本语法如下:

border-color:颜色值;

同边框宽度属性一样,取值可以是 1~4 个值。1 个值的时候表示 4 个方向颜色都是相同的;2 个值的时候表示上下和左右的颜色值;3 个值的时候表示上、左右、下的颜色值;4 个值的时候表示上、右、下、左的颜色值。多个颜色值之间用空格分隔,即 border-color:red blue pink black;

(3)边框样式(border-style)

边框样式表示边框的显示方式是实线、虚线还是点状线、双线等形态。同上,仍然有 4 个方向的值,1~4 个值的取值也与上面是一致的。基本用法如下:

border-style:dashed

注意:不同浏览器对相同边框样式的渲染方式可能不同。具体的取值见表 4.1。

表 4.1　CSS 的 border-style 常用属性

属性值	属性值说明
none	定义无边框。
hidden	与"none"相同。表示隐藏,可以通过 js 控制显示属性。
dotted	点状边框。在不同浏览器中显示效果不同。
dashed	虚线;常用。
solid	实线;常用。

续表

属性值	属性值说明
double	双线。两条单线与其间隔的和等于指定的 border-width 值。
groove	3D 凹槽边框。其效果取决于 border-color 的值。
ridge	3D 菱形边框。其效果取决于 border-color 的值。
inset	3D 凹边框。其效果取决于 border-color 的值。
outset	3D 凸边框。其效果取决于 border-color 的值。
inherit	规定应该从父元素继承边框样式。

（4）简写属性（border）

通常情况下，可以对边框进行简写属性。如 border：1 px solid #000，3 个值的顺序可以调换；或者单独为某一个方向指定属性，如 border-top：1 px dashed #00f。含义如图 4.2 所示。

border:1px solid #000

1px的厚度　　实线边框　　黑色边框

图 4.2　边框的简写属性

（5）圆角边框（border-radius）

支持圆角边框（border-radius）也是 CSS3 的一大亮点。在此之前，在网页里实现边框圆角只能靠图片，如今有了 CSS3 的支持，效果就非常明显了，而且还有两个优点：一是提高了网站的性能，减少了对图片的 HTTP 的请求；二是可以增加网页的视觉美观性。

其基本语法如下：

border-radius：none ｜圆角半径

半径取值一般也是数字+单位的长度值，不能为负值。最大的圆角半径为元素高度的一半。同样，取值可以有 1~4 个。如果取 4 个值代表左上、左下、右上、右下；2 个值表示左上右下与右上左下（即对角线）；3 个值表示左上，右上左下，右下；1 个值还是表示 4 个角的圆角弧度相等。

（6）盒子阴影（box-shadow）

盒子阴影也是 CSS3 的新属性，前面讲过文本阴影，盒子阴影与文本阴影相似。基本语法如下：

box-shadow：x 轴偏移 y 轴偏移 模糊量 阴影颜色 内阴影 inset/外阴影 outset

默认状态为外阴影。用法可以为：Box-shadow：5 px 5 px 7 px #000 inset。

4.1.3　内边距（padding）

内边距分为上、右、下、左 4 个方向距边框的距离。基本语法为："padding" 数值。

数值取值可以是像素，可以是 cm，可以是百分比，不允许为负值。同样的取值可以为

1~4个,1个数值表示 4 个方向的内边距都相等;2 个数值分别表示上下和左右;3 个数值表示上、左右、下;4 个值表示顺时针上、右、下、左。

如:padding:5 px;

    Padding:5 px 0;

    Padding:5 px 10 px 15 px;

    Padding:5 px 2 px 10 px 4 px;

4.1.4 外边距(margin)

外边距与内边距一样,同样分为上、右、下、左 4 个方向。margin-top 为元素距离顶边元素之间的距离;margin-right 为元素距离右边元素之间的距离;margin-bottom 为元素距离底边元素之间的距离;margin-left 为元素距离左边元素的距离。基本语法为:

margin:数值

数值取值可以是像素,可以是 cm,可以是百分比,与 padding 不同的是 margin 可以设置为负值。取值可以为 1~4 个,每种取值方式同 padding 一样,不再赘述。

如:margin:5 px;

    margin:5 px 0;

    margin:5 px 10 px 15 px;

    margin:5 px 2 px −10 px 4 px;

案例操作

完成下面的样式,如图 4.3 所示。

图 4.3　盒子模型效果图

HTML 代码如下:

<body>

    <img src = " images/01.jpg" alt = " 新年快乐 " >

</body>

CSS 代码如下:

```
img{
    width:300 px;
    height:135 px;
    padding:20 px;
    border:1 px solid #1589F6;
    -moz-border-radius:50 px 0;
    -webkit-border-radius:50 px 0;
    border-radius:50 px 0;
    box-shadow: 2 px 2 px 10 px #000;
}
```

思考题

一个元素的最终占位宽度和高度究竟是以什么计算的？

元素最终在网页里所占的总宽度＝自己本身的宽度（width）＋元素的边框厚度（border-width）＋元素的内边距（padding）＋元素的外边距（margin）。父元素所指定的宽度一定不能小于它里面所有子元素占位累加起来的宽度，否则排版一定会错位。

同理，元素最终在网页里所占的总高度＝自己本身的高度（height）＋元素的边框厚度（border-width）＋元素的内边距（padding）＋元素的外边距（margin）。

4.2　标准流

要掌握网页布局，必须了解什么是标准流、什么是浮动布局、什么是绝对定位和相对定位。下面分几个小节来进行讲述。

我们了解了盒子模型，知道网页是由一个个盒子组成的，在没有为网页元素添加任何与定位相关属性的前提下，浏览器会根据各个框在 HTML 中出现的顺序，由上而下一个接一个地排列。这种方式称作"流"，也就是人们常说的标准流。

标准流是默认的网页布局模式。当删除其中的元素块，下面的元素会自动上移，填补删除的空间。块级元素、行内元素依据自己的显示属性按照在文档中的先后次序依次显示。如果是块级元素就占一行或多行，是行内元素就和其他元素共处一行，有嵌套关系也会显示出来。

一般来说，网页绝不会只使用标准流的布局，所以有必要掌握浮动（float）与清除浮动（clear）的方法。

在传统的印刷布局中，文本可以围绕图片。一般把这种方式称为"文本环绕"。任何元素只要应用了 CSS 的 float 属性，都会产生浮动，并且都生成为块级元素（包括行内元素）。当不需要浮动的时候，可以清除浮动，即 clear。下面对这两个属性的用法进行讲解。

（1）float 属性

float 的用法为：float：left／right／none

详细见表 4.2。

表 4.2　float 属性值

属性值	属性值说明
left	元素向左浮动。
right	元素向右浮动。
none	默认值。元素不浮动，会显示在文档中出现的位置。
inherit	规定应该从父元素继承 float 属性的值。IE 不支持该属性。

当采取了浮动的方法，要考虑到父层的宽度能否完全容纳水平排列的浮动元素，如果超出父层容器的宽度，浮动元素会向下移动，直到有足够多的空间为止。如果浮动元素的高度不同，那么它们向下移动时可能会被其他浮动元素卡住。

图 4.4 左边是标准流里的 3 个框，若为框 1 定义右浮动，那么框 1 会向父层容器的最右边靠齐，从而标准流被破坏，框 2、框 3 就会上移。

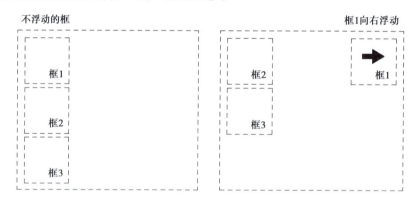

图 4.4　float 效果 1

若为框 1 定义左浮动，那么框 1 也脱离了标准流，紧接着框 2 还是会顶替框 1 的位置，但是框 1 会在 z 轴的上面遮住框 2。

若希望 3 个框都横向排列，需要为 3 个框都定义左浮动。

（2）clear 属性

clear 的属性与 float 属性相反，它定义了在清除元素哪边的浮动。如果声明为左边或右边清除，元素会还原到自己标准流的位置，如图 4.5 所示。

clear 的用法为：clear：left／right／both／none。

详细见表 4.3。

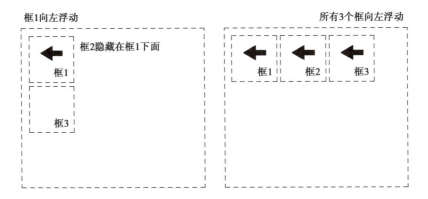

图 4.5   float 效果 2

表 4.3   clear 属性值

属性值	属性值说明
left	在左侧不允许浮动元素。
right	在右侧不允许浮动元素。
both	在左右两侧均不允许浮动元素。
none	默认值。允许浮动元素出现在两侧。
inherit	规定应该从父元素继承 clear 属性的值。IE 不支持该属性。

若将图 4.6 的框 3 进行左浮动,也破坏了标准流,框 4 应该移到框 1、框 2、框 3 的下面去,如果要让框 4 如图 4.6 所示,对框 4 清除浮动即可。

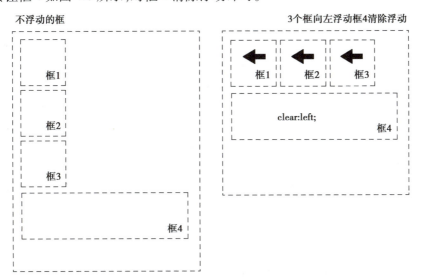

表 4.6   clear 属性效果

4.3　相对定位（relative）

相对定位（position：relative）是一个比较容易掌握的概念。相对定位是相对自己（该元素）在标准流的位置（以元素左上角为起点）进行垂直或水平位置上下左右的偏移，然后元素就会改变自己本身的位置，而移动到重新定义的位置上。用法为：

position：relative；

top：20 px；

left：30 px；

上述代码意思为元素相对于自己的左上角向下偏移 20 px，向右偏移 30 px。

需要注意的是，设置了相对定位的元素不仅偏移了某个距离，并且还占据着自己原本所占有的空间，可能会影响其他元素的显示。

图 4.7 对框 2 进行了相对定位，向右移动 30 px，向下移动 20 px，并且保留了自己原本的位置，但框 3 的位置并没有受到任何影响，只是内容被框 2 所挡。

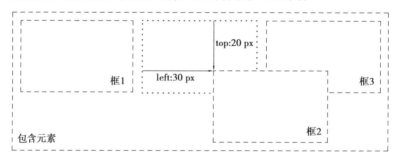

图 4.7　相对定位图示

4.4　绝对定位（absolute）

绝对定位（图 4.8）与相对定位不同，对元素进行绝对定位的时候，参照的元素位置是该元素已定位的父级乃至祖先级元素。如果元素没有已定位的祖先元素，则会参照 body 元素的最左上角来定义。绝对定位使元素的位置与标准流无关，因此不占据空间。用法如下：

position：absolute；

top：20 px；

left：30 px；

上述代码意思是：参照框 2 的父级元素的左上角（必须是已经有过定位属性的）向右偏移 30 px，向下偏移 20 px。但是原本在中间的框 2 会完全脱离标准流，并且影响到元素框 3。

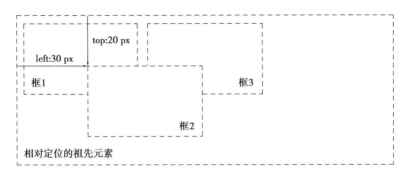

图 4.8　绝对定位图示

4.5　z-index 属性

z-index 属性用来设置元素的堆叠顺序。这时,页面不再是一个平面,而是拥有纵向的层级关系,也就是 z 轴。z-index 仅能在定位元素上奏效,也就是说,元素要么绝对定位要么相对定位,才能有效使用 z-index 元素。用法为:z-index:number

number 的取值范围可以为负数,数值高的元素在数值低的元素的上面。可以理解为 z-index 能将一个元素放置在另一个元素的前面或者后面。

4.6　flex 布局

前面我们了解了标准流、float 布局、定位布局,CSS3 新增的最有意思的属性之一便是 flex 布局属性,用六个字概括便是简单、方便、快速。"flex"是"Flexible Box"的缩写,意为"弹性布局",用来为盒状模型提供最大的灵活性,是 2009 年 W3C 提出的一种可以简洁、快速弹性布局的属性。主要思想是给予容器控制内部元素高度和宽度的能力。目前,它基本上得到了所有浏览器的支持,在使用 webkit 内核浏览器时,可以加上前缀"webkit-"。

任何一个容器都可以指定为 flex 布局。如 display:flex;行内元素也可以使用 flex 布局,如 display:inline-flex;webkit 内核如下表示,display:-webkit-flex;display:flex。注意设为 flex 布局以后,子元素的 float、clear 和 vertical-align 属性将失效。

4.6.1　flex 相关概念

采用 flex 布局的元素,称为 flex 容器(flex container),简称"容器"(图 4.9)。它的所有子元素自动成为容器成员,称为 flex 项目(flex item),简称"项目"。

容器默认存在两根轴:水平的主轴(main axis)和垂直的交叉轴(cross axis)。主轴的开始位置(与边框的交叉点)叫作 main start,结束位置叫作 main end;交叉轴的开始位置叫作 cross start,结束位置叫作 cross end。

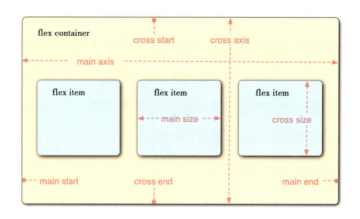

图 4.9　flex 相关概念

项目默认沿主轴排列。单个项目占据的主轴空间叫做 main size，占据的交叉轴空间叫做 cross size。

4.6.2　flex 容器属性

flex 的容器也就是我们理解的父盒子，它相关的属性有 6 个，具体的可见表 4.4。

表 4.4　flex 容器属性

属性名	属性说明	属性值
flex-direction	决定子元素 item 的排列方向。	row，row-reverse，column，column-re-verse
flex-wrap	排列不下时，item 如何换行。	nowrap，wrap，wrap-reverse
Flex-flow	上面 2 个属性的缩写属性。	默认 row，nowrap
Justify-content	Item 在主轴上的对齐方式。	flex-start，flex-end，center，space-be-tween，space-around
align-items	Item 在另一轴上的对齐方式。	flex-start，flex-end，center，baseline，stretch
align-content	多根轴线的对齐方式。	flex-start，flex-end，center，space-be-tween，space-around，stretch

4.6.3　item 项目属性

item 的属性在子元素 item 中设置。Item 也有如下 6 种属性，详见表 4.5。

表 4.5　item **项目属性**

属性名	属性说明	属性值
order	定义 item 排列顺序。	整数,默认为 0,越小越靠前。
flex-grow	当有多余空间时,item 的放大比例。	默认为 0,即有多余空间时也不放大。
flex-shrink	当空间不足时,item 的缩小比例。	默认为 1,即空间不足时缩小。
flex-basis	项目在主轴上占据的空间。	长度值,默认为 auto。
flex	grow,shrink,basis 的缩写。	默认值为 0、1、auto。
align-self	单个 item 独特的对齐方式。	同 align-items,可覆盖 align-items 属性。

4.6.4　练一练

使用 flex 布局(图 4.10),试完成如下图样式的布局,中间板块宽度为左右板块的 2 倍。

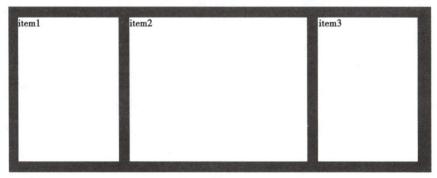

图 4.10　flex 布局

HTML 代码如下:

```
<div class="contain">
        <div class="item">item1</div>
        <div class="item current">item2</div>
        <div class="item">item3</div>
</div>
```

CSS 代码如下:

```
.contain{
    width:100%;                    /*宽度弹性变化*/
    height: 300 px;
```

```
        margin：0 auto；
        display：flex；                    /*父盒子弹性布局*/
        background：#5a5a5a；
        padding：20 px；
        box-sizing：border-box；
    }
    .item {
        height：260 px；
        flex-grow：1；                      /*使每个 item 的宽度平分*/
        background：#fff；
        margin-right：20 px；
    }
    .current{
        flex-grow：2                        /*使第二个 item 的宽度占 2 倍位置*/
    }
```

4.7　响应式布局

响应式布局的概念于 2010 年 5 月提出,目的是实现网页页面适应屏幕、打印机、手机等多个不同大小的终端。响应式布局可以通过 CSS3 的媒体查询(Media Queries)模块实现,通过添加媒体查询表达式,指定媒体类型,并根据媒体类型或浏览器窗口的大小来选择不同的样式。目前的浏览器和各种移动终端都能很好地支持响应式布局。

例如,一个网页的页面布局为 3 栏,如果用不同的终端来浏览这个页面,页面会根据不同终端(浏览器窗口的大小)来显示不同的样式,在台式机上以 3 列方式显示,在 iPad 上可能是两列显示,在大屏手机上将 3 列转化为纵向显示,在屏幕很小的手机上只显示主要内容,隐藏某些次要元素,这就是响应式布局要实现的效果——一套 CSS 样式,可以在不同设备不同终端用最合适的方式显示。

4.7.1　视口（viewport）

视口(viewport)是手机 Web 制作非常重要的概念,发明人是乔布斯,乔布斯预见到一件事,就是手机的屏幕会越来越清晰,PPI(每平方英寸的像素数,像素密度)会越来越大。此时如果手机按照自己的分辨率去渲染网页,页面上的文字将不可读,20 px 的文字看不清。所以,手机不能认为自己的宽度是自己的分辨率。乔布斯说,每个手机可以由工程师自由的设置“显示分辨率”,起名叫“视口”。也就是说,手机在视口中呈递页面,而不是分辨率的物理窗口。视口中 1 px 等于真实物理的多个 px。乔布斯说,默认视口 980 px,因为 980 px 是实世界上绝大多数网页的版心。此时刚刚好能够卡住它们,像在 3 000 m 的高空俯视整个页面。但是,乔布斯还说,前端工程师必须能够自己设置。

处理方法为写一个 meta 标签:使手机认为自己的视口是 device-width(当前设备)的视口宽度,如下代码:

<meta name="viewport" content="width=device-width,user-scalable=no,initial-scale=1.0,maximum-scale=1.0,minimum-scale=1.0" />

width 设置 layout viewport 的宽度,为一个正整数,或字符串"device-width"。

initial-scale 设置页面的初始缩放值,为一个数字,可以带小数。

minimum-scale 允许用户的最小缩放值,为一个数字,可以带小数。

maximum-scale 允许用户的最大缩放值,为一个数字,可以带小数。

height 设置 layout viewport 的高度,这个属性对我们并不重要,很少使用。

user-scalable 是否允许用户进行缩放,值为"no"或"yes", no 代表不允许,yes 代表允许||IOS10 无效。

要想网页在手机上正常显示,而不使用人为放大缩小,这句代码必须加在页面的 head 中。

4.7.2　媒体查询(Media Queries)

媒体查询功能的核心讲就是通过 CSS3 来查询媒体类型或者尺寸范围,然后调用对应的样式作为响应。使用@media 查询,你可以针对不同的媒体类型定义不同的样式也可以针对不同的屏幕尺寸设置不同的样式,特别是如果你需要设置设计响应式的页面,@media 是非常有用的。当你重置浏览器大小的过程中,页面也会根据浏览器的宽度和高度重新渲染页面。可以在不改变页面内容的情况下,为特定的一些输出设备定制显示效果,是响应式布局实现的主要方式。

所以媒体查询时响应式的核心。它包含几个方面的内容。

(1)媒体类型

媒体也称媒介,在 CSS 中代指各种设备。W3C 定义了 10 种媒体类型,其中一些已被废弃,表 4.6 列出常见的 3 种媒体类型。

表 4.6　3 种媒体类型

媒体值	媒体类型描述
all	所有媒体设备
screen	显示器、平板电脑、手机设备
print	打印机或打印预览视图
speech	屏幕阅读器等发生设备

真正广泛使用且所有浏览器都兼容的媒介类型是' screen '和' all '。

如:

<style media="screen">

```
.box {
    height：100 px；
    width：100 px；
    background-color：lightblue；
}
</style>
<div class="box"></div>
```

（2）媒体特性

媒体属性是 CSS3 新增的内容,多数媒体属性带有"min-"和"max-"前缀,用于表达"小于等于"和"大于等于"。这避免了使用与 HTML 和 XML 冲突的"<"和">"字符。注意:媒体属性必须用括号( )包起来,否则无效。CSS3 媒体特性见表 4.7。

表 4.7　CSS3 **媒体特性**

值	描述
width、height	定义浏览器宽度和高度。
device-width、device-height	定义输出设备宽度和高度。
orientation	定义浏览器方向,portraint 纵向或 landscape 横向。
resolution	定义设备分辨率,如 300dpi。
aspect-ratio	定义浏览器窗口宽度于高度比率。
device-aspect-ratio	定义输出设备屏幕可见宽度于高度比率。
color	定义输出设备使用多少位的颜色值,如果不是才是,值＝0。
color-index	定义输出设备的彩色查询表中的色彩数。
scan	定义扫描方式,progressive 逐行扫描。Interiace 隔行扫描。
Grid	查询输出设备是否使用栅格或点阵,基于栅格时值为1,否＝0。

（3）媒体查询方法

在实际应用中,常用媒体类型主要有 screen、all 和 print 3 种,媒体类型的引用方法主要有使用 link 标记引用样式、使用@ import 标记导人样式、使用 CSS3 的@ media 标记说明样式。

1）使用 link 方法引用样式

此方法,其实就是在<link>标记引入样式时,通过 link 中的 media 属性来指定不同的媒体查询。如:

```
<link rel="stylesheet type-"text/ces" href="mystyle.CSS" media="screen">
<link rel="stylesheet type-"text/ces" href="mystyle.CSS" media="screen and（min-
```

width:980 px)">

2）使用@ import 方法导入样式

与以前导入 CSS 样式一样,只是需要加查询语句,如:

<style type=" type=" text/css">

　　@ import url(mystyle.CSS) screen and(min-width:980 px);

</style>

3）@ media 方法

@ media 是 CSS3 中新增的媒体查询特性,在页面中可以通过这个属性来引入媒体类型。@ media 引入媒体类型和@ impon 有些类似,使用格式如下。

@ media 媒体类型 and（媒体特性）{样式定义}

例 1:

@ media screen and(max-width:980 px){

background:red;

}

意为当屏幕不超过 980 px 时,背景颜色为红色。

例 2:

@ media screen and(min-width:981 px) and（min-width:1 200 px){

background:blue;

}

意为屏幕介于 981~1 200 px 时,背景颜色变为蓝色。

4.7.3　练一练

使用标准流、浮动、定位的布局方式,完成如图 4.11 所示的部分页面。

图 4.11　常见页面布局

第5章 界面交互技术（JavaScript）

HTML（超文本标记语言）是网页内容的载体，包含了用户需要浏览的内容，包括文字、图像、视频以及音频等等；CSS 负责网页的视觉表现，比如网页上的文字的色彩、字体、动画效果等；JavaScript 则可以提高用户交互的友好感，让页面更加生动，更具操作性。因此，JavaScript 在系统的人机交互中扮演着一个重要的角色，是网页动态特效制作的最佳选择，也是学习 Web 技术必须掌握的一种脚本语言。

5.1 JavaScript 简介

JavaScript 是一种解释性的基于客户端的脚本语言。这意味着 JavaScript 代码的运行不需要经过编译器编译，直接就可以在浏览器中运行；JavaScript 代码运行在客户端（浏览器）中，不需要经过服务器，不会增加服务器的负担。

5.1.1 JavaScript 发展历程

JavaScript 是由 Netscape 公司创造的，最初只是用来扩展该公司开发的浏览器中的功能，而推出的一种名为 LiveScript 的脚本语言。后来 Netscape 公司与 Sun 公司合作，在 1995 年年底将其改名为 JavaScript。这就是最早的 JavaScript 1.0 版本。

JavaScript 的发布使得 Netscape Navigator 主宰了浏览器市场。后来微软在 IE3 中搭载了一个自己的 VBScript 语言，将其命名为 JScript。微软公司将其浏览器加入操作系统中捆绑销售，使 JScript 得到了很快的发展。

面对微软公司的竞争，在 1997 年 JavaScript 1.1 作为一个草案提交到欧洲计算机制造商协会（ECMA），对其进行了标准化，这就是后来的 ECMAScript。现在我们所使用的 JavaScript 实际上就是 ECMAScript 标签最佳的实践，而 ECMAScript 则是基于 JavaScript 指定的脚本规范（其他遵循该规范的语言还有 ActionScript 和 JScript）。但是一般情况下，我们认为 ECMAScript 就是特指 JavaScript。

2009 年，ECMA 推出了 ECMAScript5.0（ES5）。2015 年，ECMAScript2015 正式推出。自

2015 年起，ECMA 每年更新一次 ECMAScript 版本，并把 ECMAScript2015 及其以后的版本统称为 ES6。本书 JavaScript 章节的内容基于 ES5，并加入了部分 ES6 的内容。

如今的 JavaScript 已经成为浏览器事实上的唯一脚本语言，正朝着提高用户体验，增强网页友好性发展，并越来越受到程序开发人员与前端开发人员的关注。各种 JavaScript 的功能插件层出不穷，网页的功能在它的基础之上越来越丰富多彩。

5.1.2　JavaScript 的特性

JavaScript 具有以下几种特性：

①JavaScript 是一种脚本语言。它采用小程序段的方式编程实现，也是一种解释性的语言，开发简易，是基于 Java 基本语句和控制流之上的程序设计语言。它的变量和数据类型都采用弱类型，不需要严格定义类型。它与 HTML 标签结合使用，方便用户操作。

②JavaScript 是一种基于对象的语言。它面向对象编程，可以运用自己已经定义好的对象，因此许多功能的实现可以通过对象的方法调用来完成。

③JavaScript 是一种安全性语言。它运行在 Web 浏览器，不允许访问本地硬盘，并且不能将数据存入到服务器上，也不能对网络文档进行修改和删除操作，只能通过浏览器实现信息浏览或动态交互，从而有效地防止数据的丢失。

④JavaScript 具有动态性。它可以直接对用户输入的数据信息做出及时的响应，无需将数据提交到服务器进行处理。它对用户的及时响应是通过事件驱动实现的。所谓事件驱动，就是在网页中执行某种操作而产生的动作，如点击鼠标按键、移动浏览器窗口、选择菜单等。当这些动作发生后，会引起相应的事件响应。

⑤JavaScript 具有跨平台性。JavaScript 本身是依赖浏览器运行的，与操作系统无关，因此只要环境中能够运行浏览器，并且这个浏览器支持 JavaScript 就可以正确执行。

5.2　JavaScript 的引用方式

JavaScript 本身是一种脚本语言，程序不能独立存在，依赖于 HTML 页面，运行在浏览器端。JavaScript 可以放在 HTML 页面中的任何一个位置，但是浏览器对于 HTML 页面的解释具有先后顺序，页面中放在前面的程序先执行，放在后面的后执行，因此 JavaScript 在页面中的位置就决定了它执行的顺序。

5.2.1　script 标签

HTML 是超文本标记语言，任何内容的添加都要使用对应的标签。要在页面中使用 JavaScript 代码，则要用到<script>标签。

在<script>标签中需要声明要使用的脚本语言，可以用 language 属性，也可以使用 type

属性声明。

```
<script    language="javascript"    type="text/javascript">
    document.write("Hello world");    //  在页面中显示"Hello world"
</script>
```

不过,鉴于 JavaScript 成为了事实上的客户端唯一脚本,因此 HTML5 允许<script>标签不用指明标本语言类型。如:

```
<script>
    document.write("Hello world");
</script>
```

由<script>标签包含的代码就是 JavaScript 代码,它将直接被浏览器执行。

<script>标签可以位于 HTML 页面中的任何位置。通常情况下,常把这段代码放到<head>标签之间,或者页面的最后,即</body>结尾标签之前。

5.2.2　使用外部 JS 文件

通过<script>标签可以在 HTML 页面中直接编写 JavaScript 代码。不过这种方式会给我们的代码维护带来很大的困扰。因为,一个系统的页面往往有很多个。把 JavaScript 代码直接写在页面中,维护的时候会增加很多工作量。

因此,经常将 JavaScript 独立出来,创建一个外部的 js 文件,然后把它引用到 HTML 页面中。

引入外部 js 文件依然用<script>标签,不过要使用 src 属性指明外部文件的路径。外部 js 文件的后缀名为".js",如:

```
<script   src="js/ouside.js"></script>
```

src="js/ouside.js" 就指明了引入 js 文件夹下的 outside.js 文件。

outside.js 文件代码如下:

```
document.write("Hello world");
```

如果在引入外部 js 文件的<script>标签之间写上其他的 js 代码,这部分的代码会被忽略。如:

```
<script src="js/ouside.js">
    document.write("I am inside");    // 这部分代码会被忽略,不会执行。
</script>
```

使用外部 js 文件的好处是多个 HTML 页面都可以引用同一个外部 js 文件。在运行时,这个 js 文件的代码全部嵌入到包含它的 HTML 页面中,页面程序可以自由使用,实现代码的重用。

5.3　JavaScript 语法基础

每一种语言都具有自身的语法结构,JavaScript 也不例外。

5.3.1　基本语法

JavaScript 的语法很容易掌握,归纳起来具有以下几点:

(1)区分大小写

JavaScript 的常量、变量、函数、运算符、表达式以及对象和方法都是区分大小写的,例如:变量 MyBag 和 mybag 是两个不同的变量。尽管如此,为了避免误会,不提倡在同一个程序中同时使用类似 MyBag 和 mybag 这样的变量。

(2)弱类型变量

JavaScript 中的变量没有特定的类型,不像 Java 之类的强类型语言那样,整数型只能用"int"声明,字符串型数据只能用"string"声明等。JavaScript 中的变量统一使用"var"或者"let"关键字声明。声明时可以把这个变量初始化为任意的一个值,根据值来判断它是什么数据类型。如:

```
var   myName = "John" ;   // 字符串型数据
      myName = 7 ;   // 可以更改变量的数据类型不会报错。
let   age = 100 ;   //   数值型数据
      age = "100" ;   // 可以更改变量的数据类型不会报错。
```

(3)每行结尾的分号可有可无

JavaScript 不要求每行代码都要用分号";"结尾。JavaScript 中一个语句后如果没有写分号,默认把这行代码的结尾当作该语句的结尾。不过,还是建议在语句结尾的时候加上分号";"。因为在项目中我们常常会压缩 JavaScript 代码,如果某些语句如果没有分号";"结尾,可能会引起报错。

(4)代码块放在一对大括号中

代码块表示一系列按顺序执行的代码,这些代码在 JavaScript 中被封装在一对大括号"{"和"}"里,如:

```
if ( a>b){
  let   age = a ;
  alert( age ) ;
}
```

(5)注释方式

注释的方式与程序设计语言的方式一样。"//"表示单行注释;"/* …… */"表示多行注释。如：

//这是单行注释

/* 这是多

行

注释

*/

5.3.2　数据类型

数据类型在数据结构中的定义是一组性质相同的值的集合以及定义在这个值集合上的一组操作的总称。不同的数据，需要定义不同的数据类型。JavaScript 中的数据类型见表5.1。

表 5.1　JavaScript 的数据类型

基本数据类型	数值型（Number）、字符串（String）、布尔值（Boolean）、空（Null）、未定义（Undefined）、Symbol
引用数据类型	对象（Object）、数组（Array）、函数（Function）

（1）数值型（Number）

JavaScript 不区分整数和浮点数，统一用 Number 表示，以下都是合法的 Number 类型：

45；　　　　　　　　　　　// 正整数 45

20.19；　　　　　　　　　　// 浮点数 20.19

1.234e3；　　　　　　　　　// 科学计数法表示 1.234×100，等同于 123.4

−45；　　　　　　　　　　　// 负数

NaN；　　　　　　　　　　　// NaN 表示 Not a Number，表示非数字

Infinity；　　/* Infinity 表示无限大，当数值超过了 JavaScript 的 Number 所能表示的最大值时，就表示为 Infinity */-Infinity；　　　//无限小

（2）字符串型（String）

字符串就是引号中的任意文本。可以使用单引号或双引号：

'你好'；

"Hello，world！"；

"This is a \"good\" day！"；　　// 要在字符串里使用引号，需要用转移符\

（3）布尔值（Boolean）

布尔值只能有两个值：真 true 或 假 false。布尔值经常用来做判断。

（4）空（Null）与未定义（Undefined）

空（Null）就是一个空值，表示什么值都没有。

未定义（Undefined），当一个变量定义了，但是并没有赋值，它的值就是 undefined，表示

它是一个没有赋值的变量。

　　let　x；　// 定义了个变量 x,但是没有赋值,它的值就是 undefined。

　　let　y = null；　// 定义了变量 y,它的值为 null。

　　(5) Symbol

　　ES6 新增的一种数据类型,用来表示独一无二的数据。Symbol 值通过 Symbol 函数生成。

　　let　s = Symbol( )；

　　上面代码中,变量 s 就是一个独一无二的值。

5.3.3　变量与常量

　　在生活中,有些数据是经常变化着的,比如每天的温度,早上温度较低,中午较高,而到了晚上温度又会变低。而有些数据则是固定不变的,比如圆周率,无论在何时何地,它都是 π,不会更改。

　　在程序设计中,我们把变化着的量称为变量,把固定不变量的称为常量。

　　JavaScript 中变量是通过 var 或者 let 来声明的。let 是 ES6 新增的变量声明方式,比起传统的 var,let 声明变量更加的严谨。如:

　　console.info(x)；　// 在浏览器控制台输出 undefined。

　　// 尽管在 var 声明在后,但是依然能运行。

　　var　x = 100；

　　之所以会这样,是因为 JavaScript 引擎解析代码的时候,会获取所有被声明的变量,然后再一行一行地运行。这造成的结果,就是所有的变量的声明语句,都会被提升到代码的头部,这就叫做变量提升(hoisting)。因此,上面这段代码其实相当于:

　　var　x；

　　console.info(x)；

　　x = 100；

　　如果变量换成 let 声明,在声明变量前就使用了变量,浏览器则会报错:

　　console.info(x)；　// 在 let 声明前就使用了变量,报错。

　　let　x = 100；

　　因此,我们更加推荐使用 let 定义变量,并且一定要养成变量先定义后使用的好习惯。

　　除此之外,let 在代码段||里定义的话,就是在代码段||里的局部变量,是在||外访问不了的。

　　案例操作一

　　let 定义变量和 var 定义变量的差别。

　　源代码如下:

```
<script>
    {
        var   x = 100;
        let   y = 200;
    }
    console.info( x ) ;   // 100
    console.info( y ) ;   // 报错。在{ }外,无法访问。
</script>
```

JavaScript 常量是通过 const 来声明。const 是 ES6 新增的常量声明方式,在 ES5 及其以前,JavaScript 是没有常量声明的。常量一旦声明就不可更改。

案例操作二

用 const 定义常量。

源代码如下:

```
<script>
    let   x = 100;
    const   PI = 3.14;
        x = 200;         // 更改变量 x 的值为 200
        PI = 3.14159;  // 报错。常量不可更改
</script>
```

拓展知识点——命名的规范

变量或常量在命名时,还应遵循如下规则:

①名称由字母(大小写均可)、数字、下划线(_)和美元符号($)组成;

②首字符不能用数字;

③变量名不能是关键字或者保留字。

除此之外,我们建议采用骆驼命名法或者下划线命名法,让变量或常量的名字更有意义。骆驼命名法,又称为"驼峰命名法",是指变量名如果由多个单词组成,首字母小写,从第二个单词开始首字母大写,如 myAge,myName 等;下划线命名法,则是说多个单词之间用下划线(_)链接,如 my_age,my_name。

```
<script>
    let   myAge = 25;
    let   my_name = "Johon" ;
    let   a = 25;                      // 符合语法,但是意义不明
```

```
let   b = "John";                    // 符合语法,但是意义不明
</script>
```

5.3.4 变量的作用域

一个变量的作用域是变量的有效区域。全局变量拥有全局作用域和局部作用域之分。

（1）全局作用域

全局作用域就是指变量在 JavaScript 代码中的任何地方都有作用。一般在函数外或者{}外定义的变量就属于全局变量。

案例操作

全局变量演示。

源代码如下：

```
<script>
    let   myName = "John" ;           //声明一个全局变量
    function checksope( ){
        alert( myName ) ;            // 弹出全局变量
    }
    checksope( ) ;                    // checksope 内部可以访问全局变量
</script>
```

（2）局部作用域

局部作用域,就是指变量在局部范围内有效。一般在函数内部或者使用 let 在{}内定义的变量就属于局部变量。

案例操作

局部变量演示。

源代码如下：

```
<script>
function checksope( ){
    let   myName = "John" ;           //声明一个局部变量
    alert( myName ) ;                // 弹出局部变量
}
```

```
checksope( );                          // checksope 内部可以访问局部变量

alert( myName);                        // 弹出局部变量失败,在函数外不能访问局部变量
</script>
```

5.3.5　运算符

JavaScript 中的运算符是完成操作的一系列符号,表达式则是将这些符号通过一定的规则联系起来完成某种特定的功能。JavaScript 中的运算符有算术运算符、比较运算符、逻辑布尔运算符和赋值运算符。

(1)算术运算符

算术运算符用于执行变量或值之间的算术运算,算术运算符见表5.2。

表 5.2　算术运算符

算术运算符	说明
+	加
−	减
*	乘
/	除
%	求余
++	递增 1
−−	递减 1

案例操作

算术运算符演示。
源代码如下:

```
<script>
    let  numA = 100;
    let  numB = 20 ;
    console.info( numA + numB);  // 120
    console.info( numA − numB);  // 80
    console.info( numA * numB);  // 2000
    console.info( numA / numB);  // 5
```

```
    console.info( numA % numB )；  // 0
    console.info( numA++ )；  // 100
    console.info( ++numB   )；  // 21
</script>
```

JavaScript 的算术运算符的加(+)还有个特别的功能就是,能实现字符串的"拼接"。只要相加的值有一个是字符串,就会把参与运算的各个值"拼接"起来。

```
    console.info( 100+"20" )；  // 10020
    console.info( "hello" + " world" )；  // hello world
```

(2)比较运算符

比较运算符是比较两个操作数的大、小或相等的运算符。比较之后的结果是一个布尔值,true 或者 false,比较运算符见表 5.3。

表 5.3　比较运算符

比较运算符	说明
<	小于
>	大于
<=	小于等于
>=	大于等于
==	等于
!=	不等于

案例操作

比较运算符演示。

源代码如下:

```
<script>
    console.info( 100 > 20 )；  // true
    console.info( 100 < 20 )；  // false
    console.info( 100 == 20 )；  // false
    console.info( 100 != 20 )；  // true
    console.info( 100 == "100" )；  // true
    console.info( 100 === "100" )；  // false
</script>
```

(3)逻辑运算符

两个操作数进行逻辑运算实际是对两个操作数对应的布尔值进行比较。与(&&)、或(‖)比较的结果是影响结果的那个值,而非(!)比较的结果是相反的布尔值。逻辑运算符见表5.4。

表5.4　逻辑运算符

逻辑运算符	说明
!	逻辑非
&&	逻辑与
‖	逻辑或

案例操作

逻辑运算符演示。

源代码如下:

```
<script>
    console.info(100 && 50);   // 50
    console.info(0 && 50);   // 0
    console.info(100 ‖ 50);   // 100
    console.info(0 ‖ 50);   // 50
    console.info(!0);   // true。
    console.info(!100);   // false
</script>
```

相当于 false 的数据有数字 0,空字符串"",null,undefined,NaN 等。

(4)赋值运算符

赋值运算符就是含"="的操作符,将右边的操作数赋值给左边的操作数,赋值运算符见表5.5。

表5.5　赋值运算符

赋值运算符	说明
=	将右边表达式的值赋给左边的变量。
+=	将运算符左边的变量加上右边表达式的值赋给左边的变量。
-=	将运算符左边的变量减去右边表达式的值赋给左边的变量。

续表

赋值运算符	说明
* =	将运算符左边的变量乘以右边表达式的值赋给左边的变量。
/ =	将运算符左边的变量除以右边表达式的值赋给左边的变量。
% =	将运算符左边的变量用右边表达式的值求模,并将结果赋给左边的变量。

案例操作

赋值运算符演示。

源代码如下：

```
<script>
    let   numA = 100；
    numA += 50 ；  // 相当于 numA = numA + 50 ；
    numA −= 50 ；  // 相当于 numA = numA − 50 ；
    numA * = 50 ；  // 相当于 numA = numA * 50 ；其他以此类推。
</script>
```

(5)三元运算符

expr1？　expr2：expr3

在 expr1 的值为 true 时,整个运算结果为 expr2。

在 expr1 的值为 false 时,整个运算结果为 expr3。

该运算符因为有三个表达式参与,所以叫三元运算符。

案例操作

三元运算符演示。

源代码如下：

```
<script>
    let   b=5；
    (b > 5) ？a=true：a=false；
    document.write(a)；    //   false
</script>
```

5.3.6　数组

JavaScript 中,声明数组使用关键字 Array 来声明,也可以使用中括号[ ]直接申明数组。
通过 length 属性可以获取到数组的长度,也就是数组元素的个数。

对数组元素的访问则可以用 arrName[index]的方式进行。数组的索引 index,是从 0 开始直到 arrName.length-1。

案例操作

数组基础运用演示。

源代码如下:

```
<script>
    let    students = [ "John" ,"Mary" ,"Tom" ];
    console.info( students[ 0 ]) ;    // John
    console.info( students.length) ;    // 3
</script>
```

以上代码相当于:

```
<script>
    let    students = new Array( "John" ,"Mary" ,"Tom" );
    console.info( students[ 0 ]) ;    // John
    console.info( students.length) ;    // 3
</script>
```

思考题

JavaScript 变量定义以及运算符的功能跟其他语言(C 语言),有什么差别?

5.4　流程控制语句

JavaScript 中提供了多种用于程序流程控制的语句,除了顺序结构外,还有条件语句和循环语句。条件语句中包括 if 语句和 switch 语句,循环语句中包括 for 语句,while 语句,以及 do-while 语句。

5.4.1　条件语句

条件语句是根据条件的判断分别执行不同的程序段。

(1) **if 语句**

if 语句是 JavaScript 中最常见的条件判断语句。它的语法结构如下:

```
if(表达式){
    代码段 1
}
```

其含义是,如果"表达式"成立(为真 true),则执行"代码段",否则不执行"代码段"。

案例操作一

If 语句演示。

源代码如下:

```
<script>
    let  age = 18;
    if (age >= 16) { // 如果 age >= 16 为 true,则执行 if 语句块
        console.info('You are 16+');
    }
</script>
```

----

if 语句也可以与 else 一起使用。判断 if 后面括号里的表达式为 true,还是 false。

表达式的结果为 true,执行"代码段 1"中的程序;当表达式的结果为 false,执行"代码段 2"中的程序。其结构如下:

```
if (表达式){
    代码段 1
}else{
    代码段 2
}
```

案例操作二

----

if-else 语句演示。

源代码如下:

```
<script>
    let  age = 18;
    if (age >= 16) { // 如果 age >= 16
        console.info('You are 16+');
    }else{   // 如果 age < 16
        console.info('You are 16-');
    }
}
```

</script>

(2) switch 语句

当判断条件比较多时,如果采用多个 if…else…会使程序看起来比较繁琐,不那么清晰,为了程序的简洁,看起来比较清楚,可以使用 switch 语句来实现多个条件的判断。switch 语句中,表达式的值将会与每个 case 语句中的值作比较,如果相匹配,则执行该 case 语句后面的代码,如果没有一个相匹配的,则执行 default 语句。它的语法结构如下:

```
switch(表达式){
    case 值 1:语句块 1;break;
    case 值 2:语句块 2;break;
    …………
    default:语句块 n
}
```

switch 语句经常用在需要判断的情况比较多的时候,其中 switch 后面括号里的表达式的值等于后面 case 语句中的某个常量值,就执行相应的语句块。

关键字 break 会使程序跳出 switch 语句。如果没有 break,程序就会执行下一个 case 语句里的语句块,直到所有的 case 语句执行完。因此 switch 语句中的每一个 case 语句块后面都会添加上 break,使判断表达式需要执行的程序执行完成后就跳出 switch 语句,不再执行它的其他选择情况。

关键字 default 表示当表达式得到的结果不等于任何一个 case 中的变量值时所执行的代码操作。

案例操作

switch 语句演示。根据星期输出"周 x"。

源代码如下:

```
<script>
let   day = 1 ;   //   设定为星期一
switch(day){
    case 1:
        console.info("周一");
        break;
    case 2:
        console.info("周二");
        break;
    case 3:
        console.info("周三");
```

```
            break;
    case 4:
            console.info("周四");
            break;
    case 5:
            console.info("周五");
            break;
    default:
            console.info("周末");
    }
</script>
```

5.4.2　循环语句

循环语句的作用就是反复执行同一段代码,常用的循环语句有 while 语句和 for 语句。在循环语句中只要给定的条件能够得到满足,包含在循环体语句里的代码就会重复地执行下去,直到给定的条件得到的结果为假,则跳出循环体语句,终止循环的执行。

(1) while 语句

while 语句是前测试循环,就是首先判断条件是否成立,再执行循环体里的代码,判断条件不成立时,循环体里的代码可能一次都不会被执行。语法结构如下:

```
while(表达式){
    代码段
}
```

当表达式的值为 true 时,会不断地执行循环体代码段,直到表达式的值为 false 时,跳出循环体。

案例操作

while 语句演示。

源代码如下:

```
<script>
    // 输出 1~20 的值
    let  i = 1;
    while(i <= 20){
        console.info(i);
        i ++ ;
    }
```

```
</script>
```

（2）do-while 语句

do-while 语句是 while 语句的另一种表达方式,是一种后测试循环。也就是说先要执行一次循环体的语句块,然后再进行判断表达式,判断表达式的结果为 true 再继续执行循环体,当判断表达式的结果为 false 时,跳出循环体,不再执行循环。其语法结构如下:

```
do{
    语句块
}while(表达式)
```

案例操作

do-while 语句演示。

源代码如下:

```
<script>
    // 输出 1~20 的值
    let   i = 1;
    do{
    console.info(i);
    i ++ ;
    }while(i <= 20);
</script>
```

（3）for 语句

for 循环也是前测试循环,而且在进入循环之前能够初始化变量,并且定义循环后要执行的代码,其语法结构如下:

```
for(初始化变量 ; 判断表达式 ; 循环表达式){
    代码块
}
```

执行过程如下:

①首先初始化变量;

②判断表达式是否为 true,如果是,执行循环体中的语句块,否则终止循环;

③执行循环体语句块;

④再执行循环表达式;

⑤返回第 2 步操作。

for 循环最常用的循环形式是 for(var i=0;i<n;i++){循环体语句块},表示循环一共执行 n 次,适用于已知循环次数的运算。

案例操作一

for 语句演示,使用 var 定义循环变量。

源代码如下:

```
<script>
    // 输出 1~20 的值
    for ( var  i = 1 ;  i <= 20 ; i++) {
        console.info( i ) ;
    }
    console.info( i ) ; // 21
</script>
```

如果循环变量用 var 定义,在循环完毕的时候,可以在 for 循环外得到循环变量的值。

而如果循环变量在 for 的小括号里用 let 定义,在 for 循环外是没法访问循环变量的,这样可以防止循环变量值外泄。

案例操作二

for 语句演示,使用 let 定义循环变量。

源代码如下:

```
<script>
    // 输出 1~20 的值。用 let 定义循环变量。
    for ( let  i = 1 ;  i <= 20 ; i++) {
        console.info( i ) ;
    }
    console.info( i ) ; // 报错,for 之外访问不到循环变量 i。
</script>
```

(4) break 和 continue 语句

break 语句可以立即退出整个循环。

案例操作一

for 语句 break 演示。

源代码如下:

```
<script>
    // 只会得到 1 到 4 的值。因为 i 为 5 的时候,跳出了整个循环。
    for( let  i = 1 ;  i <= 20 ; i++) {
```

```
        if( i == 5){
            break ;
        }
        console.info( i) ;
    }
</script>
```

---

continue 语句只是退出当前这一次循环,根据控制表达式还可以进行下一次的循环执行。

案例操作二

---

for 语句 continue 演示。

源代码如下:

```
<script>
    // 输出中会少了5
    // 因为 i 为 5 的时候,跳出了当前循环,直接继续下一次循环,没有输出 5
    for (let i = 1 ;   i <= 20 ; i++){
        if( i == 5){
            continue ;
        }
        console.info( i) ;
    }
</script>
```

思考题

1.筛选出 100 以内的奇数。

2. 有面值 1 元、2 元和 5 元的人民币,凑成 100 元,1 元的有多少张? 2 元的有多少张? 5 元的有多少张? 有几种组合方式?

5.5　函　数

函数是一组可以任何时候运行的语句段。简单地说,函数是完成某个功能的一组语句,它接受 0 个或者多个参数,然后执行函数体来完成某种特定的功能,最后根据需要返回或者不返回处理的结果。

5.5.1　函数的定义

JavaScript 使用关键字 function 定义函数。函数可以通过声明式定义,也可以通过函数表达式定义。

(1)声明式定义函数

```
function 函数名(　)｛
    函数体语句
｝
```

这种方式定义的函数,可以放在函数调用代码的前面,也可以放在后面。

案例操作

自定义函数演示,输出 1~20 的值。

源代码如下:

```
<script>
    // 定义一个函数输出 1~20 的值
    function   myFun(　)｛
        for (let i = 1 ;   i <= 20 ; i++)｛
            console.info(i);
        ｝
    ｝
</script>
```

------

(2)函数表达式定义函数

```
let   函数名 = function (　)｛
    函数体语句
｝;
```

使用函数表达式,不要忘了函数｛｝末尾的分号(;)。

这种方式定义的函数,只能放在函数调用代码的前面,否则会报错。

案例操作

自定义函数演示,输出 1~20 的值。

源代码如下:

```
<script>
    // 定义一个函数输出 1~20 的值
    let   myFun = function(　)｛
        for (let i = 1 ;   i <= 20 ; i++)｛
```

```
        console.info(i);
      }
   };
</script>
```

无论是声明定义函数,还是函数表达式定义函数,函数的调用都是通过"函数名( )"的方式进行调用。

因此,前面两段代码函数调用的方式都是:

myFun( ) ; // 函数调用

5.5.2 函数的 return 语句

return 语句,从字面意思来看就是"返回"。官方定义 return 语句将终止当前函数并返回当前函数的值。因此,函数中 return 语句后的代码将不会执行。

案例操作

自定义函数演示,返回两个数相乘的结果。

源代码如下:

```
<script>
   // 返回两个数相乘的结果
   function  myFun( ) {
      let  a = 20;
      let  b = 10;
      return  a*b ;  // 200
      console.info(a*b) ;  // return 后的语句不会被执行
   }
   let  res = myFun( );// 获取函数的运行结果
   console.info(res);
</script>
```

一般带有 return 语句的函数,执行的结果会返回给一个变量。

5.5.3 函数的参数

如果函数处理的数据经常变动,可以考虑把经常变动的数据写成函数的参数。

参数写在函数的( )中,多个参数用逗号隔开。

```
function 函数名(参数 1,参数 2){
   函数体语句
}
```

案例操作一

自定义函数演示,函数带参数。

源代码如下:

```
<script>
    // 返回任意两个数相乘的结果
    function  myFun(a,b) { // 形参,不知道具体的值
        return  a*b ;
    }
    let  res = myFun(20,100); // 实参,知道具体的值
    console.info(res); // 2 000
</script>
```

JavaScript 允许形参个数和实参个数不一致。

如果参数的个数不确定,可以使用函数内置的参数对象 aruguments 获取。参数对象 aruguments 类似于数组。可以通过 length 属性获取参数的个数,也可以利用 aruguments[index]的方式获取具体的参数。

案例操作二

参数对象 arguments 演示。

源代码如下:

```
<script>
    function  myFun( ) { // 没有形参
        console.info( arguments[0]  );
        console.info("一共有" +  arguments.length + "个参数");
    }
    myFun(20,100);
    /*分别输出:
    * 20
    * 一共有 2 个参数
    * */
</script>
```

ES6 中,函数还新增了 rest 对象。表示,实参与形参一一对应后剩下的实参。它也类似于数组。要使用 rest 对象,需要在函数的( )里定义"…rest"。

注意:rest 前面三个点不可以少。

案例操作三

rest 对象演示。

源代码如下：

```
<script>
    function   myFun(a, ...rest) { // 有一个形参
        console.info(a);
        console.info("剩下" +  arguments.length + "个参数");
        console.info(rest[0]);
    }
    myFun(20,100,200);
    /*分别输出:
     * 20
     * 剩下 2 个参数
     * 100
     **/
</script>
```

5.5.4　箭头函数

箭头函数是 ES6 新增的一种匿名函数写法。箭头函数适用于那些本来需要匿名函数的地方。其基本形态是：

(参数1, 参数2, …, 参数 N) => {
函数体代码
}

案例操作一

ES5 匿名函数与 ES6 箭头函数对比。

源代码如下：

```
<script>
    // ES5 匿名函数写法
    function (a, b) {
        return a + b
    }
    // ES6 箭头函数
    (a, b) => {
```

```
    return a + b
  }
</script>
```

用函数表达式定义函数可以写成箭头函数形式,代码更简洁。

案例操作二

箭头函数与传统函数对比。

源代码如下:

```
<script>
  / ES5 函数写法
  var  myFun = function (a, b) {
      return a + b
  }
  myFun(20,30);// 函数调用
  // ES6 箭头函数
  let  myFun = (a, b) => {
      return a + b
  }
  myFun(20,30);// 函数调用
</script>
```

当函数参数只有一个,括号( )可以省略;如果没有参数,括号( )不可以省略。

案例操作三

箭头函数与传统函数只有一个参数和没有参数时的对比。

源代码如下:

```
<script>
  // 单个参数
  var  myFun1 = function(a) {
      console.info(a);
  };
  let  myFun1 = a => {
      console.info(a);
  };
  // 无参
```

```
var   myFun2 = function( ) {
    console.info( "Hello world" );
}
let   myFun2 = ( ) = > {
    console.info( "Hello world" );
}
</script>
```

箭头函数没有 arguments 对象,如果在箭头函数中使用 arguments 参数不能得到想要的内容,不过可以使用 rest 对象取代。

案例操作四

箭头函数不能使用 arguments 对象,可以使用 rest 对象。
源代码如下:

```
<script>
    let   myFun = ( ) = > {
        console.log( arguments.length );
    };
    myFun ( );
    //报错 arguments is not defined
    let   myFun2 = ( ...rest ) = > {
        console.log( rest.length );
    };
    myFun2 ( 20, 30 );    //   2
</script>
```

思考题
　　1.写一个函数,能求任两个整数之间(含这两个整数)所有整数之和。
　　2.写一个函数,2 个数值做参数的时候,求和;3 个数值做参数的时候,求平均数。
　　3.写一个函数,给出圆的半径,能求出圆的面积。

5.6   文档对象模型

DOM(Document Object Model,文档对象模型)是 W3C 制订的标准接口规范,它定义了访问 HTML 文档标签的标准。通过 DOM 开发人员可以很任意地操作页面任何标签,添加、删除和修改页面的某一部分。人机交互效果很大部分都是要基于 DOM 的操作去完成。

5.6.1　DOM 节点与 DOM 图

在 DOM 中,页面的每个部分都是节点:标签是标签节点;属性是属性节点;文本是文本节点;注释是注释节点等等。

假定,页面中有这样的一个结构:

<div id="mydiv">
　　<p>这个是段落 1</p>
　　<div id="content">
　　　　<a href="#">链接</a>
　　　　<p>这个是段落 2</p>
　　</div>
</div>

这里所有的标签都是节点,每个节点之间都存在着这样或者那样的关系。在 DOM 中,就是使用家族似的关系来形容节点之间的关系。就此例中的结构而言,mydiv 就是 p 段落 1 的父节点;p 段落 1 是 mydiv 的子节点;content 则是 p 段落 1 的兄弟节点;超链接 a,则是 mydiv 的孙节点。依次类推。

根据这种关系,我们可以绘制出 DOM 图,如图 5.1 所示:

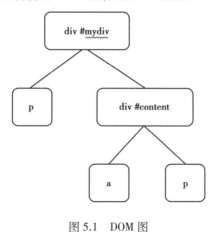

图 5.1　DOM 图

5.6.2　访问节点

(1)直接访问节点

通过 DOM,利用标签的 id 属性,可以直接获取该标签。其方法如下:

document.getElementById("xID")

xID 是某个标签的 id 属性值,其数据类型是字符串。实际上,JavaScript 从页面获取的任何数据的类型都是字符串。

案例操作一

通过 id 访问标签演示。

源代码如下:

```
<script>
    // 获取的标签,往往会放进一个变量中。这个标签就代表了那个标签
    let    content = document.getElementById("content");
    // 输出 id 名为 content 的标签
    console.info(content);
</script>
```

也可以通过标签名获取标签:

document.getElementsByTagName("标签名")

xElement.getElementsByTagName("标签名")

可以获取页面(document)或者指定标签(xElement)下面所有的某类型标签。因为可能找到的结果有多个,所以这种方式找到的标签集合本质上是一个数组。

案例操作二

通过标签名访问标签演示。

源代码如下:

```
<script>
    // 通过标签名获取标签
    let    mydiv = document.getElementById("mydiv");   // 获取 mydiv 标签
    let    p = mydiv.getElementsByTagName("p"); // 获取 mydiv 下所有的 p 标签
    console.info(p);   // 会输出 mydiv 下所有的 p 标签
</script>
```

---

(2) 访问子节点

每个节点都可能有子节点,而且还可能不只一个,所以节点都有 childNodes 属性,它是保存了子节点的数组。不过,获取的子节点有可能不是标签,而往往操作子标签的情况较多。可以使用 children 获取子标签,它是只存储了子标签的数组。

使用 childNodes[索引] 或者 children[索引] 可以获取具体的节点或者标签。索引都是从 0 开始的。

案例操作三

获取 mydiv 的子节点。

源代码如下：

```
<script>
    // 获取 mydiv 的子节点
    let   mydiv = document.getElementById("mydiv");   // 通过 ID mydiv,获取标签
    // IE8 得到 2,其他浏览器得到 5,包含了子标签间的换行(被视为一个文本)节点
    console.info(mydiv.childNodes.length);
    console.info(mydiv.children.length);   // 2。mydiv 就只有 2 个子标签
    console.info(mydiv.childNodes[1]);   //   <p>这个是段落 1</p>
    console.info(mydiv.children[1]);   //   div#content
</script>
```

----

(3)节点筛选

通过 childNode 或者 children 查找的节点可能不是我们想要的节点。比如,我们可能只需要子节点中的 div 标签,或者类名为 myclass 的标签。因此,在对节点进行操作的时候,我们需要对选中的节点做筛选。筛选节点或者标签的时候,往往会用到 nodeType,nodeName或者 className 等属性。

nodeType 用来判断节点的类型,看看是否是需要的节点。常用的 nodeType 数值见表 5.6。

表 5.6　常用的 nodeType 数值

nodeType 值	节点类型
1	元素(标签)element
2	元素的属性 attr
3	文本 text

通过节点的 nodeName 属性可以获取节点的名称。不过获取的节点名称都是大写字母。

案例操作一

依次获取节点 nodeName。

源代码如下：

```
<script>
    let   mydiv = document.getElementById("mydiv");     // 获取 mydiv 标签
    for(let i = 0; i< mydiv.childNodes.length; i++){     // 利用 for 循环对 childNodes 进行
```

```
                                                        遍历
    if(mydiv.childNodes[i].nodeType===1){          // 如果是元素节点
        console.info(mydiv.childNodes[i].nodeName);  //依次得到 P,DIV
    }
}
</script>
```

通过节点的 className 可以获取节点的类名。本来节点的类应该是 class 属性。但是因为 class 是一个关键词,为了避开这个关键词,JavaScript 就使用了 className 来表示节点的类名。

案例操作二

筛选类为 myclass 的节点。
源代码如下:

```
<script>
    let  mydiv = document.getElementById("mydiv");  // 获取 mydiv 标签
    // 利用 for 循环对 childNodes 进行遍历
    for(let i = 0 ; i< mydiv.childNodes.length; i++){
        if(mydiv.childNodes[i].className==="myclass"){
            // 类为 myclass 的节点
            console.info(mydiv.childNodes[i]);
        }
    }
</script>
```

(4)访问父节点

节点有且只有一个父节点(根节点 HTML 除外),所以基本上所有的节点都有 parent-Node。

案例操作

获取 mydiv 的父节点。
源代码如下:

```
<script>
    // 获取 mydiv 的父节点
    let  mydiv = document.getElementById("mydiv");  //通过 ID mydiv,获取标签
    let  parent =mydiv.parentNode ;
```

```
console.info(parent.nodeName);   // BODY
</script>
```

(5)访问兄弟节点

兄弟节点的访问使用 previousSibling 和 previousElementSibling、nextSibling 和 nextElemen-tSibling。

previousSibling 跟 previousElementSibling 一样,都是用以获取紧邻的上一个兄弟。区别在于,previousSibling 得到的节点可能不是标签,比如文本节点属性节点之类的。而 previousElementSibling 得到的节点就是标签。第一个节点的 previousSibling 或者 previousElemen-tSibling 为 null。

nextSibling 和 nextElementSibling 同理。最后一个节点的 nextSibling 或者 nextElementSib-ling 为 null。

案例操作

获取 content 的兄弟节点。

源代码如下:

```
<script>
    // 获取 content 的兄弟节点
    let    content = document.getElementById("content");//通过 ID 获取标签
    let    prev  =content.previousSibling ;
    let    prevE =content.previousElementSibling ;
    let    next  =content.nextSibling ;
    let    nextE =content.nextElementSibling ;
    console.info(prev);      //  #text,换行的空格
    console.info(prevE);     //  <p>这个是段落 1</p>
    console.info(next);      //  #text,换行的空格
    console.info(nextE);     //  null
</script>
```

思考题

　如何获取标签前后所有的兄弟标签?

5.6.3　创建并添加新标签

JavaScript 通过 document.createElement()方法可以创建新的标签。括号()里只需要写要创建的标签名就可以了。例如:

```
let   mydiv = document.createElement("div");
```

使用以上代码就可以创建一个 div 标签,并把这个标签存储在变量 mydiv 里。那么 mydiv 这个变量就相当于一个标签,具有标签的一切特性。

案例操作

- -

创建标签演示。

源代码如下:

```
<script>
    let   newDiv = document.createElement("div");
    newDiv.innerHTML ="你好,我是被创建出来的 div";
    newDiv.className = "color_red";
    newDiv.id= "red";
</script>
```

这里创建了一个 div 标签,并且给它添加文本内容"你好,我是被创建出来的 div"和一个类名 color_red,以及 id 名 red。

- -

不过,执行该代码的时候,我们在页面中并没有看到任何内容。

创建的标签,只是在内存中,要被用户看到,还需要把标签添加到页面中。

(1)添加子节点

添加子节点使用节点的 appendChild() 方法。只有父节点才能添加子节点,新增的节点作为指定节点的子节点添加到末尾。例如:

```
xID.appendChild(newDiv);
```

newDiv 会作为子标签添加到 xID 的末尾。

案例操作

- -

appendChild 演示。

源代码如下:

```
<script>
    let   box = document.getElementById("box");
    let   newDiv = document.createElement("div");
    newDiv.innerHTML ="你好,我是被创建出来的 div";
    newDiv.className = "color_red";newDiv.id= "red";
    box.appendChild(newDiv);
</script>
```

- -

（2）插入节点

插入节点使用 insertBefore（）方法，可以把节点插入到某个节点之前。它接受两个参数：要插入的节点和作为参照的节点。例如：

xID.insertBefore（newDiv，someChild）；

需要指出的是 xID 必须 someChild 的父节点。所以，可以改写为：

target.parentNode.insertBefore（newDiv，target）；

这样可以很直观的把 newDiv 插入到 target 节点的前面。

案例操作

------

insertBefore 演示。

源代码如下：

```
<script>
    let   box = document.getElementById("box");
    let   newDiv = document.createElement("div");
    newDiv.innerHTML = "你好，我是被创建出来的 div";
    newDiv.className = "color_red";
    newDiv.id = "red";
    box.parentNode.insertBefore(newDiv,box);
</script>
```

思考题

　　原生态 JavaScript 里没有 insertAfter（）方法，把一个标签插入到另一个标签的后面。能否用 insetBefore（）去模拟这个功能呢？

5.6.4　删除节点

删除节点使用 removeChild（）方法。只有父标签才能删除子节点。

parentElement.removeChild（target）；

parentElement 必须是 target 节点的父节点。因此要直接删除某个节点，往往写成这样：

target.parentNode.removeChild（target）；

案例操作

删除标签演示。

源代码如下：

```
<script>
```

```
let   box = document.getElementById("box");
box.parentNode.removeChild(box);    // 删除了 id 为 box 的标签
</script>
```

拓展知识点——隐藏标签与删除标签的区别

同样是看不见对应的节点,我们也可以设置 style 的 display 属性为 none 去隐藏标签。也可以用 JavaScript 的 removeChild() 方式去删除标签。视觉效果一样,但是实际上删除节点和隐藏节点页面对他们的操作是不一样的:

1.隐藏节点,虽然用户看不见改节点,但是它其实依然在页面中,依然占据着资源。

2.删除节点,是把节点从页面中彻底清除,可以释放响应的资源,减少浏览器的内容消耗。

对于一些不必要的内容,在点击"关闭"或者"删除"后,一定要删除而不是隐藏。

5.6.5 操作标签属性

DOM 不仅可以增加、删除节点,还可以增加、修改、删除节点的属性。

(1)设置(增加)属性

setAttribute(),给标签设置(增加)属性值,它接受两个参数:属性和属性值。这个属性可以是 HTML 自带的,也可以是开发人员自定义的属性。

xID.setAttribute("属性","属性值")

案例操作

给图片增加自定义属性 mydata。

源代码如下:

```
<img id="myimg" src="images/1.jpg" alt="">
<script>
let   myimg = document.getElementById("myimg");
myimg.setAttribute("src","images/2.jpg");
myimg.setAttribute("mydata","这个是我自己的");
</script>
```

(2)获取属性值

通过 getAttribute() 可以获取属性的值,它只接受一个参数,那就是属性名。这个属性可以是原生的,也可以是用户自定义的。

案例操作

获取自定义属性 mydata。

源代码如下：

```
<div id="mydiv"  mydata="这个是我自己的属性">
    获取自定义属性
</div>
<script>
let  mydiv = document.getElementById("mydiv");
alert(mydiv.getAttribute("id"));                    //  mydiv
alert(mydiv.getAttribute("mydata"));                //  这个是我自己的属性
</script>
```

（3）删除属性

通过 removeAttribute( ) 方法可以彻底地把属性从标签中删除。

案例操作

删除标签 class 属性。

源代码如下：

```
<div  class="c_red"  id="mydiv">
    删除属性
</div>
<script>
let  mydiv = document.getElementById("mydiv");
mydiv.removeAttribute("class");
</script>
```

拓展知识点——可以通过点语法修改属性吗？

　　HTML 原生的属性可以通过点语法修改。比如上面修改图片的 src 也可以写成：

　　myimg.src = "images/2.jpg"；

　　但是对于自定义的属性，某些浏览器无法使用点语法生成。因此还是推荐使用 setAttribute( )、getAttribute( )、removeAttribute( ) 等方法操作标签属性。

5.6.6　操作标签内容

DOM 通过节点的 innerHTML 属性可以操作双标签的内容。

innerHTML，就是"里面的 HTML"，通过该属性可以获取或更改双标签的内容。

案例操作

获取 div 的内容,然后更改它的内容。

源代码如下:

```
<div id = "mydiv">
这个是内容 1
</div>
<script>
let   mydiv = document.getElementById("mydiv");
alert(mydiv.innerHTML);                              //获取内容
mydiv.innerHTML = "这个是更改后的内容";              //修改内容
alert(mydiv.innerHTML);                              //获取更改后的内容
</script>
```

5.6.7　操作标签样式

DOM 操作标签样式,是 DOM 的经典使用方式之一。页面中很多的特效变化都是通过操作标签样式去完成的。比如,标签的隐藏、显示、大小变化之类的,其本质就是标签样式的更改。

(1)利用 style 属性、CSSText 属性直接更改样式

通过表的 style 属性可以直接更改标签样式,其格式如下:

标签.style.样式属性="属性值";

利用 style 一次性只能更改一条样式。CSS 里的多单词属性,在写成 JavaScript 的样式属性的时候,要合并多个单词,并且按照"骆驼命名法"将从第二单词开始的首字母大写。

如 CSS 中的 font-size,JavaScript 中要写成 fontSize。

此外,所有的样式值在 JavaScript 中都是字符串。

案例操作一

利用 style 属性更改 id 为 mydiv 的字体大小和背景色。

源代码如下:

```
<div id = "mydiv">
这个是 div
</div>
<script>
let mydiv = document.getElementById("mydiv");
mydiv.style.fontSize = "20 px";
```

```
    mydiv.style.background = "#f00";
</script>
```

style 的 CSSText 属性则可以直接直接写 CSS 代码,且可以同时更改多个样式。与直接用 style 控制一条样式不同的是,CSSText 属性的值就是 CSS 代码字符串,不需要合并属性名称。

案例操作二

利用 CSSText 属性更改 id 为 mydiv 的字体大小和背景色。

源代码如下:

```
<div id="mydiv">
    这个是 div
</div>
<script>
    let mydiv = document.getElementById("mydiv");
    mydiv.style.CSSText = "font-size:20 px;background:#f00;";
</script>
```

(2) 利用 className 属性更改标签类名

用 style 修改样式,直观但是不够灵活。可以使用 className 修改标签的类名,利用类名的改变达到更改样式的目的。而 CSS 代码还是写在对应的 CSS 文件中,做到了 CSS 和 JavaScript 的分离,便于样式的更改,使得样式的操作更加灵活。

使用 className 属性有个很重要的前提,那就是 CSS 中要定义好相关的类。

案例操作

利用 className 修改标签样式。

源代码如下:

```
<style>
    .myClass{
        font-size: 20 px;
        background: #f00;
    }
</style>
<div id="mydiv">
    这个是 div
</div>
```

```
<script>
    let   mydiv = document.getElementById("mydiv");
    mydiv.className = "myClass";
</script>
```

（3）利用 classList 属性操作标签类

使用标签的 classList 属性，可以实现比 className 属性更灵活的类名的操作。其相关方法见表 5.7。

表 5.7　classList 属性的方法

方法	描述
add(class1，class2，…)	在元素中添加一个或多个类名。如果指定的类名已存在，则不会添加。
contains(class)	返回布尔值，判断指定的类名是否存在。 可能值： true，元素包已经包含了该类名 false，元素中不存在该类名。
item(index)	返回元素中索引值对应的类名。索引值从 0 开始。 如果索引值在区间范围外则返回 null。
remove(class1，class2，…)	移除元素中一个或多个类名。 注意：移除不存在的类名，不会报错。
toggle(class，true|false)	在元素中切换类名。 第一个参数为要在元素中移除的类名，并返回 false。 如果该类名不存在则会在元素中添加类名，并返回 true。 第二个是可选参数，是个布尔值，用于设置元素是否强制添加或移除类，不管该类名是否存在。例如： 移除一个 class： element.classList.toggle("classToRemove"，false); 添加一个 class： element.classList.toggle("classToAdd"，true); 注意：Internet Explorer 或 Opera 12 及其更早版本不支持第二个参数。其实，第二个参数也用的很少。

5.7　事　件

事件（Event）是 JavaScript 中很常用的一种代码触发机制。事件（Event）这个词来源于新闻界。生活中，每一次的新闻事件发生都会引发人们的广泛关注，那么对 JavaScript 中的事件，我们可以理解为：每一次 JavaScript 事件的发生，都可以触发代码的运行，只是一部分事件是人为的，比如点击、鼠标按下、鼠标移动等等。而另一部分事件是页面产生的，比如页面的图像加载事件，AJAX 中的状态改变事件等等。

页面中的很多特效都跟事件有关，了解并掌握事件是学习 JavaScript 的必经之路。

5.7.1　Click 事件

为了更好地说明事件的基本使用方式，我们以"点击事件"为例。点击事件（Click）是指用户点击标签后执行的事件。

案例操作一

Div 中有一些文字，点击后更改 div 标签的内容。

源代码如下：

```
<div    onclick="this.innerHTML='你点击了我!'">请点击该文本</div>
```

标签中的 onclick 是触发 click 事件的事件句柄。当中的 on，可以理解为"当……时候"。Onclick 就是"当鼠标点击的时候"。"Onclick"写在了标签里，是属于 HTML 的（事件句柄）属性，因此"onclick"可以大写，也可以小写（HTML 属性名是不分大小写的），比如写成 on-Click，或者 ONCLICK 都没有问题。

等号（=）之后的引号（""），里面就是点击后要执行的代码。因为在外部使用了双引号（""），因此里面的字符串使用的是单引号。

this，是 JavaScript 中的特殊对象，在这里特指鼠标点击的"这个"标签 div。

这段代码的作用就是，用户点击 div 后，这个 div 之间的内容就更改为"你点击了我!"。

案例操作二

考虑点击之后，要执行的代码可能很多，如果全部写在了标签上，不利于代码的维护。所以，事件往往跟函数结合在一起。

源代码如下：

```
<div    onclick="changeHTML( )">请点击该文本</div>
<script>
    function    changeHTML( ){
            event.target.innerHTML='你点击了我!';
}
</script>
```

Onclick 之后调用的代码是一个函数 changeHTML( )，要执行的代码都写在这个函数之中。这么做的目的是,便于代码的优化和管理。这个函数因为写在了事件中,因此,也被称为事件函数。

Event 是事件对象。每个事件,在它调用的事件函数中,都可以使用事件对象,事件对象就是指触发代码运行的这个事件。

Target 是事件对象的属性,表示触发此事件的元素。在这里就是指我们点击的 div 标签。

案例操作三

直接在标签上写 onclick 虽然直观明了,但是在代码众多的情况下,维护还是显得有些困难。因此,还需要把事件代码和标签剥离,以利于维护更复杂的代码。

源代码如下:

```
<div id="mydiv">请点击该文本</div>
<script>
let  mydiv = document.getElementById("mydiv");          //通过 ID 获取标签
function  changeHTML(){
    var t =event.target? event.target:event.src Element;
    t.innerHTML='你点击了我!';
}
mydiv.onclick = function(){
    changeHTML();
}
</script>
```

给标签定义了一个 id,通过这个 id 去获取标签,并把获取的标签存储在变量 mydiv 中。

语句 mydiv.onclick =function(){},就是在调用事件函数。点击后执行的代码都写在了function(){}里面。值得注意的是,这里的 onclick 是写在了<script>中,是 JS 代码的一部分。JS 是严格区分大小写的,这里写成 mydiv.onClick = function(){}是不行的,因为 JS 中的事件函数都是小写的。

这种方法剥离了页面标签和 JavaScript 代码,做到了结构(HTML)和行为(JavaScript)的分离,利于代码的维护和扩展,是我们所提倡的方式之一。

不过,利用 onclick 添加事件也有问题。如果同时给一个标签添加了多个 onclick,事件代码会相互覆盖,后面的会覆盖前面的代码。

案例操作四

给 mydiv 标签添加两个 onclick。

源代码如下:

```
<div id="mydiv">请点击该文本</div>
<script>
    let mydiv = document.getElementById("mydiv");
    mydiv.onclick = function(){
        this.innerHTML = "hello world!";
    }
    mydiv.onclick = function(){
        alert("这个是一个警告框");
    }
</script>
```

后面的 onclick 会覆盖前面的 onclick,所以点击 mydiv,只会弹出警告框。

如果要多次点击的事件都有效,添加事件就要使用"事件监听"方法 addEventListener。这也是推荐使用事件的方式之一。其格式如下:

　　element.addEventListener(eventName, function, useCapture)

eventName 字符串,指定事件名。事件名不要使用"on"前缀。例如,添加点击事件,使用"click",而不是使用"onclick"。

function 指定要事件触发时执行的函数。

useCapture 可选参数,布尔值,指定事件是否在捕获或冒泡阶段执行。默认值:false,表示事件在冒泡阶段执行。

案例操作五

利用"事件监听"给 mydiv 标签添加两个 click 事件。

源代码如下:

```
<div id="mydiv">请点击该文本</div>
<script>
    let mydiv = document.getElementById("mydiv");
    mydiv.addEventListener("click",function(){
        this.innerHTML = "hello world";
    },false);
    mydiv.addEventListener("click",function (){
        alert("这个是一个警告框");
    },false);
</script>
```

　　关键字 this 只能用在以下情况中,才能表示事件标签(其他情况,根据使用的地方,所指代的对象是不一样的)：

　　①标签中 onclick＝"this……"

　　②JavaScript 中利用 on 添加事件：

xx.onclick ＝ function( )｛

　　　this……

｝

　　③JavaScript 中利用事件监听添加事件：

xx.addEventListener("click" ,function( )｛

　　　this……

｝,false) ;

5.7.2　事件取消

通过 on 的方式添加的事件,也可通过 on 的方式取消事件。

案例操作一

- -

　　取消添加的事件。

　　源代码如下：

```
<div    id＝"mydiv">
    让点击无效
</div>
<script>
    let mydiv ＝ document.getElementById( "mydiv" ) ;
    // 添加事件
    mydiv.onclick ＝ function ( )｛
        console.info( "你点了我" ) ;
    ｝
    // 取消事件
    mydiv.onclick ＝ null;
</script>
```

- -

　　通过 addEventListener 添加的事件,必须通过 removeEventListener 方法取消事件。不过,添加事件的时候,必须是有名函数。取消的时候,也不能用匿名函数。

案例操作二

取消通过监听添加的事件。

源代码如下:

```
<div   id = " mydiv" >
    让点击无效
</div>
<script>
    let mydiv = document.getElementById( " mydiv" ) ;
    // 添加事件
    mydiv.addEventListener( "click" ,function ( ){
        console.info( "你点了我" ) ;
    });
    // 取消事件。通过这种方式无效
    mydiv.onclick = null;
    // 取消事件。事件函数是写在匿名函数中的,也无效
    mydiv.removeEventListener( "click" ,function ( ){
        console.info( "你点了我" ) ;
    });
</script>
```

案例操作三

利用有名函数添加监听事件,并且取消监听事件。

源代码如下:

```
<div   id = " mydiv" >
    让点击无效
</div>
<script>
    let mydiv = document.getElementById( " mydiv" ) ;
    // 定义函数
    let   myfun = function ( ){
      console.info( "你点了我" ) ;
    };
    // 添加事件
    mydiv.addEventListener( "click" ,myfun ) ;
```

```
// 取消事件,事件函数是写在有名函数中的。
mydiv.removeEventListener( "click", myfun ) ;
```
</script>

5.7.3　常用鼠标事件

鼠标 Mouseover 与 Mouseout 是很常用的鼠标事件,是一对"孪生兄弟",在很多特效中往往结合在一起使用。

(1) mouseover 与 mouseenter 事件

mouseover 事件是鼠标(mouse)移动到标签之上(over)触发的。

mouseenter 事件是鼠标(mouse)进入(enter)到标签范围之内触发的。

它们的区别在于,mouseover 会把事件传递到内部标签中,mouseenter 则不会。

案例操作一

使用 mouseover 事件演示,鼠标移动到 ul#myul 上,输出内容"Hello"。

源代码如下:

```
<ul id = " myul" >
    <li>你好</li>
    <li>Hello</li>
</ul>
<script>
    let myul = document.getElementById( "myul" ) ;
    myul.onmouseover = function( ) {
            console.info( "Hello" ) ;
    }
</script>
```

mouseover 事件添加后,鼠标进入 ul 能出发代码,鼠标进入 ul 的内部标签 li 也能出发代码运行。这就是 mouseover 把事件传递到了内部标签。

案例操作二

使用 mouseenter 事件演示,鼠标移动到 ul#myul 上,输出内容"Hello"。

源代码如下:

```
<ul id = " myul" >
    <li>你好</li>
    <li>Hello</li>
```

```
</ul>
<script>
    let myul = document.getElementById("myul");
    myul.onmouseenter = function() {
                console.info("Hello");
    }
</script>
```

mouseover 事件添加后,只有鼠标进入 ul 才能出发代码。而鼠标进入 ul 的内部标签 li 是不会触发代码的。

(2) mouseout 与 mouseleave 事件

鼠标的 mouseout 与 mouseleave 同理。Mouseout 会传递事件到内部标签,而 mouseleave 不会。

5.7.4　Focus 与 Blur 事件

(1) Focus 事件

Focus(聚焦)事件是针对表单元素,如文本框、文本域、按钮等,当光标聚焦在其上时触发。

(2) Blur 事件

Blur(失去焦点)事件是 Focus 事件的"反"事件,如文本框、文本域、按钮等失去焦点的时候触发。

案例操作

页面中的 input 文本框标签,鼠标点进去(聚焦)的时候,把边框变为红色;而失去焦点的时候,边框又变回普通的样子。

为了方便文本框更改样式,这里事先写好了红色变量的样式,即 redborder 类。

源代码如下:

```
<style>
.redborder {
    border:1 px #f00 solid;
}
</style>
<input type="text" onFocus="redBorder()" onBlur="noBorder()">
<script>
function redBorder() {
    var t = event.target;
```

```
        t.className = "redborder";
    }
function noBorder( ){
        var t = event.target? event.target:event.srcElement;
        t.className = "";
    }
</script>
```

语句 t.className = "redborder",这是 JS 通过更改标签类名的方式,达到更改样式的目的。

思考题

    如果仅仅是改变文本框的样式,可以不使用 JS 吗?

当然可以。这种效果也可以通过 CSS 的 :focus 伪类来实现:

```
input:focus{
    border:1 px #f00 solid;
    }
```

5.7.5　Change 事件

Change 事件,是指表单元素的值改变的时候触发的事件。很多表单元素都支持 Change 事件,比如文本框、文本域、多选框等,但其更多的还是用在 select 下拉元素中。

案例操作

根据下拉列表,选择页面跳转网址。

源代码如下:

```
<select name="links" id="links">
    <option value=0>-请选择友情链接网址-</option>
    <option value="http://www.baidu.com">百度</option>
    <option value="http://www.cqgcxy.com">重庆工程学院</option>
</select>
<script>
Let links = document.getElementById("links");
links.onchange = function( ){
    Let t = event.target? event.target:event.srcElement;
    if(t.value == 0){                              //如果 select 的值为 0
            return null;                           //终止函数运行
```

```
      }
   window.location.href = t.value;
}
</script>
```

t.value,是获取 select 标签改变后的值(value)。每重新选择一个下拉选项 option,select 的值就会发生改变(change)。

window.location.href,window 是指整个浏览器窗口,location 则是浏览器的地址栏,href 则是地址栏的网页地址。这句代码的含义就是"窗口地址栏的网页地址"。

思考题

点(.)语法的含义是什么?

点语法是 JS 中很常见的语法格式。在 JS 中,它主要有两个含义:

xxx 的:比如 window.location.href,就是窗口"的"地址栏"的"网页地址。

xxx 去做 xxx 事情:比如 document.getElementById("myid"),就是文档通过 id 获取页面标签。

5.7.6 其他事件

JavaScript 中常用的事件还有很多,因为篇幅原因,本书不再一一列举。仅以表格的形式把它们全部罗列出来,见表 5.8。

表 5.8 JS 中其他常用的事件

属性	当以下情况发生时,出现此事件
onabort	图像加载被中断
ondblclick	鼠标双击某个对象
onerror	当加载文档或图像时发生某个错误
onkeydown	某个键盘的键被按下
onkeypress	某个键盘的键被按下或按住
onkeyup	某个键盘的键被松开
onload	某个页面或图像完成加载
onmousedown	某个鼠标按键被按下
onmousemove	鼠标被移动
onmouseup	某个鼠标按键被松开
onreset	重置按钮被点击
onresize	窗口或框架被调整尺寸

续表

属性	当以下情况发生时,出现此事件
onselect	文本被选定
onsubmit	提交按钮被点击
onunload	用户退出页面

5.7.7　事件对象 Event

一旦事件发生,就会在事件函数中生成 Event 对象,这个 Event 对象就存储了事件相关的状态。比如事件在其中发生的元素、键盘按键的状态、鼠标的位置、鼠标按钮的状态。

Event 对象是随事件处理函数传入的。在 DOM 中 Event 对象必须作为唯一的参数传给事件处理函数,比如:

```
let mydiv = document.getElementById("mydiv");
mydiv.addEventListener("click",function(event){
    // event 对象作为事件函数唯一参数
    console.info(event);  // 输出 event 对象
});
```

(1)Event 对象常用属性

事件的状态是存储在事件对象各种属性里的。常用的事件对象见表 5.9。

表 5.9　Event 对象常用属性

属性	描述	备注
target	返回触发此事件的元素(不是一定添加事件标签)。	IE9-中用 srcElement。
srcElement	IE10 以后,等同于 target。	原本是 IE 专有,但是最新的 Firefox,Chrome 也支持这个属性。
currentTarget	添加事件标签。	不要跟 target 搞混了。
offsetX offsetY	发生事件的地点在事件源元素的中的坐标。	经常用来获取鼠标在目标元素中的坐标值。
clientX clientY	返回当事件被触发时,鼠标相对浏览器窗口的坐标。	
type	返回当前 Event 对象表示的事件的名称。	
timeStamp	返回事件生成的日期和时间。	

(2)Event 对象阻止冒泡

假设要点击的是一个 ul 下的 li,点击 li 后,其实也在点击 ul。如果每层都有点击事件,那么就会先执行 li 的点击事件,再执行 ul 的点击事件,然后是 body 的。事件的发生就像一个水泡往上飘一样,所以这种情况叫事件冒泡。

Event 对象可以阻止事件冒泡,这样就只会执行当前标签的事件。

event.stopPropagation( );// 阻止冒泡

案例操作一

事件冒泡。

源代码如下:

```
<ul id="myul">
    <li id="myli">
        这个是 li
    </li>
</ul>
<script>
    let myul = document.getElementById("myul");
    let myli = document.getElementById("myli");
    myul.onclick = function(event){
        console.info("我是 ul");
    }
    myli.onclick = function(event){
        console.info("我是 li");
    }
</script>
```

事件冒泡会依次输出"我是 li","我是 ul"。

案例操作二

阻止事件冒泡。

源代码如下:

```
<ul id="myul">
    <li id="myli">
        这个是 li
        </li>
    </ul>
```

```
<script>
    let myul = document.getElementById("myul");
    let myli = document.getElementById("myli");
    myul.onclick = function(event) {
        console.info("我是ul");
    }
myli.onclick = function(event) {
    console.info("我是li");
    event.stopPropagation();   // 阻止冒泡
}
</script>
```

阻止事件冒泡,就只会输出"我是li"。

----

(3) Event 对象阻止默认事件

一些标签有默认事件。比如,超链接,它的作用就是点击后跳转页面;提交按钮,它的作用就是提交表单数据等等。

有些时候,需要阻止这些默认事件的发生。比如,表单内容出错,这时就不能提交表单数据,就要阻止提交这个默认事件发生。

通过事件对象可以阻止默认事件。

event.preventDefault();

案例操作

阻止默认事件。

源代码如下:

```
<a id="mylink" href="https://www.cqie.edu.cn">
    点击打开重庆工程学院网址
</a>
<script>
    let mylink = document.getElementById("mylink");
    mylink.onclick = function(event) {
        event.preventDefault();
    }
</script>
```

阻止默认事件,超链接无法打开页面。

5.8　对　象

JavaScript 严格意义上来讲并不是一个真正的传统意义上的面向对象的语言,因为它不具备面向对象的一些特性,比如接口等。但是从技术层面上看,JavaScript 在极力向面向对象靠齐。因此,本书还是把 JS 看作面向对象的语言,使用类与对象的概念。

从表面上看,跟其他的面向对象的语言一样,JS 的对象也使用 new 关键字来创建一个类的对象。比如:

let car = new Object( );

这行代码创建了一个 Object 类的对象(或者叫实例),并把它存储在变量 car 中,这个变量 car 就代表了那个对象,且具有了 Object 类的默认的属性和方法。JS 提供了很多原生的类以供程序员使用,比如 Date,Array,Math 和 Object。

JS 对象很多,本书仅罗列几个常用的对象供读者学习。

5.8.1　时间类(Date)

时间类(Date)是 JavaScript 中使用频率很高的类,在很多网站中都会看到它的特效,比如显示当前时间、倒计时等。每个时间类的对象,都存储了对应时间的年、月、日、时、分、秒、星期。

创建一个时间对象的方式:

// 创建当前时间的对象

let mytime1 = new Date( );

// 创建指定时间的对象:2015 年 11 月 12 日 12 点 5 分 14 秒

let mytime2 = new Date(2015,10,12,12,5,14);

// 时间类中的月比实际月份要少 1,它的数值范围是 0 到 11

(1)获取当前时间

案例操作

创建当前时间的时间类,并在页面中显示当前的时间。

源代码如下:

```
<span id = "timeshow">0000 年 00 月 00 日星期 0 00:00:00</span>
<script>
let mytime = new Date( );
let myyear = mytime.getFullYear( );          // 获取年份,如 2015
let mymonth = mytime.getMonth( )+1;          // 获取月份,记得+1
let mydate = mytime.getDate( );              // 获取日期
```

```
let myday = mytime.getDay( );          //获取星期,数值0~6。0是周日
let myhour = mytime.getHours( );        //获取小时数,0~23
let myminute = mytime.getMinutes( );    //获取分钟数,0~59
let mysecond = mytime.getSeconds( );    //获取秒钟数,0~59
let res = myyear+"年"+mymonth+"月"+mydate
        +"日星期"+myday+" "
        +myhour+":"+myminute+":"+mysecond;
document.getElementById("timeshow").innerHTML = res;
</script>
```

需要说明的是,new Date( )获取的当前时间是跟用户电脑时间保持一致的。并且得到的时间是该段代码当时执行的那个时间点,所以时间是不会走动的。

要让时间走动,就需要让它每间隔1 s获取一次时间。这就需要借助计时器:

let myset =setInterval(代码,间隔时间)

Set,设置;inerterval,间隔值(间隔时间)。setInterval,就是设置间隔时间。间隔时间,以毫秒为单位。变量myset就存储了这个计时器,它被称为计时器变量。

计时器的作用是每隔一段时间就让该代码执行一次。

(2)让时间走动

案例操作

改进前面的案例,让时间走动起来。

源代码如下:

```
<span id="timeshow">0000年00月00日星期0 00:00:00</span>
<script>
function timeGo( ){
    let mytime = new Date( );
    ……此部分代码跟前面"案例操作一"相同,此处略……
    document.getElementById("timeshow").innerHTML = res;
}
let myset = setInterval(function( ){
        timeGo( );
    },1 000);
</script>
```

思考题

计时器变量有什么作用?

计时器变量可以用来清除该计时器。代码如下:

```
var myset = setInterval(function(){          //定义计时器变量
    ……代码略……
},1 000);
clearInterval(myset);                         //清除计时器,该计时器就不会发生
                                                作用了
```

如何把星期转换为人们熟知的中文?

方法一:可以使用 switch 语句,代码该怎么写呢? 请读者自己完成。

方法二:使用数组(数组在 5.7.3 节有详细的介绍),代码如下:

```
let myday = mytime.getDay();                 //获取星期,数值 0~6。0 是周日
let day_arr = ["日","一","二","三","四","五","六"];
myday = day_arr[myday];
```

如果设定的时间点超出了范围怎么办?

如果设定的时间点超出了范围,JavaScript 会自动修正时间为正确的时间点。

比如:

```
let   mytime=new Date(2019,5,34);
```

从表面上看,设定的时间是 2019 年 6 月 34 日。实际上,6 月最多就 30 日。因此,这里的时间实际上是 7 月 4 日。

同理,new Date(2019,5,0) 则是 5 月 31 日。

其他时间依次类推。

5.8.2　数组类(Array)

跟其他语言一样,JavaScript 中的数组(Array)可以用来存储多个数据。而 JavaScript 比较灵活的是,数组中的元素的数据类型可以是不一样。

JavaScript 中创建一个数组的方式如下:

```
//创建一个空数组
let myarr1 = new Array();或 let myarr1 = [];
//创建一个数组的同时,赋给数组元素。多个元素之间用逗号隔开
let myarr2 = new Array("张三",100);或 let myarr2 = ["张三",100];
//也可以在创建一个空数组后,再添加数组元素
let myarr3 = [];
myarr3[0]="张三";
myarr3[1]=100;
```

(1)数组 length 属性

数组的元素个数是不定的,但是可以通过 length 属性知道当前该数组有多少个元素。

案例操作

创建数组对象,并获取数组对象的元素个数。

源代码如下:

```
<script>
let myfriends = ["张三","李四","John"];
alert(myfriends.length);                    // 得到 3
let mypets = [];                            //等同于 var mypets = new Array();
alert(mypets.length);                       //得到 0
</script>
```

JavaScript 中数组的 length 不是只读的。因此,可以利用这点删除数组后面的数组元素。如:

```
let myfriends = ["张三","李四","John"];
myfriends.length = 2;
alert(myfriends[2]);                        //得到 undefined,说明 John 这个元素被删除了
```

(2)数组的索引与遍历

跟其他的程序语言一样,JS 数组中的元素,默认的索引是从 0 开始的,到 length-1 为止。每个数组元素使用数组名[索引]的形式访问。比如:

```
let myfriends = ["张三","李四","John"];
alert(myfriends[2]);                        //得到 John
myfriends[1] = "王小小";                    //把索引为 1 的元素值更改为"王小小"
```

因此,可以使用 for 循环遍历数组的元素。

案例操作

创建数组对象,并挨个报出它的元素。

源代码如下:

```
<script>
let myfriends = ["张三","李四","John"];
for( var i = 0 ; i<myfriends.length ; i++){
        alert( myfriends[i]) ;
    }
</script>
```

---

(3)数组的 push( )与 pop( )方法

push( ),向数组的末尾添加一个或更多元素。

pop( ),删除并返回数组的最后一个元素。

案例操作

给已有的数组在末尾添加新的元素,然后移除数组的最后一项。

源代码如下:

```
<script>
let myfriends = ["张三","李四","John"];
myfriends.push("王小小","陈飞飞");
alert(myfriends);                    //得到"张三","李四","John","王小小",
                                     "陈飞飞"

myfriends.pop();
alert(myfriends);                    //得到"张三","李四","John","王小小"
</script>
```

(4)数组的 shift( )与 unshift( )方法

shift( ),移除数组的第一项,并返回该项。

unshift( ),在数组前端添加任意多个数组元素。

案例操作

给已有的数组在末尾添加新的元素,然后移除数组的最后一项。

源代码如下:

```
<script>
let myfriends = ["张三","李四","John"];
myfriends.unshift("王小小","陈飞飞");
alert(myfriends);                    //得到"王小小","陈飞飞","张三","李四","
                                     John"

myfriends.shift();
alert(myfriends);                    //得到"","陈飞飞","张三","李四","John"
</script>
```

(5)数组 splice( )方法

splice( )方法很强大,主要使用方式有 3 种:

①删除。可以删除任意数量的数组元素,只需要指定 2 个参数:需要删除的第一个元素的索引和数量。

案例操作一

删除数组中索引为 2 开始的 3 个元素。

源代码如下:

```
<script>
let myarr = [0,1,2,3,4,5,6,7];
myarr.splice(2,3);
alert(myarr); // 0,1,5,6,7
</script>
```

----

②插入。即向指定位置插入任意数量的元素,只需要提供至少 3 个参数:起始位置,0 (要删除的项数)和要插入的元素。

案例操作二

给数组中从索引 3 开始添加 3 个元素。

源代码如下:

```
<script>
let myarr = [0,1,2,3,4,5,6,7];
    myarr.splice(3,0,"重庆","工程","学院");
alert(myarr);                    //0,1,2,"重庆","工程","学院",3,4,5,6,7
</script>
```

----

③替换。即向指定位置替换任意数量的元素,只需要提供至少 3 个参数:起始位置,要删除的项数和要替换的元素。要删除的项数和要替换的元素个数可不保持一致。

案例操作三

给数组中从索引 3 开始替换 3 个元素。

源代码如下:

```
<script>
let myarr = [0,1,2,3,4,5,6,7];
myarr.splice(3,3,"重庆","工程","学院");
alert(myarr);                    //0,1,2,"重庆","工程","学院",6,7
</script>
```

----

(6) 数组与字符串的相互转换

数组可以通过 join() 函数转换为字符串,只需要一个参数:连接符。通过这个连接符,数组各个元素链接起来形成一个新的字符串。

字符串可以通过 split( )函数转换为数组,只需要一个参数:分隔符。字符串以这个分隔符为断,分成一个数组的各个元素。

join( )和 split( )都不会改变原来的数组(字符串)。

案例操作

进行数组和字符串的相互转换。

源代码如下:

```
<script>
let myarr = [0,1,2,3,4,5];
let mystr = myarr.join("-");
alert(mystr);          //得到字符串"0-1-2-3-4-5"
alert(myarr);          //还是原数组,不曾改变。
let myarr2 = mystr.split("-");
alert(myarr2);         //得到数组,0,1,2,3,4,5
alert(mystr);          //还是原字符串,不曾改变
</script>
```

---

(7)数组中的其他方法

数组中的方法有很多,本书就不一一列举了,仅以表格的形式把它们全部罗列出来,见表 5.10。

表 5.10　数组中其他的方法

属性	描述
reverse( )	颠倒数组中元素的顺序。
slice( )	从某个已有的数组返回选定的元素。
toSource( )	返回该对象的源代码。
toString( )	把数组转换为字符串,并返回结果。
toLocaleString( )	把数组转换为本地数组,并返回结果。
valueOf( )	返回数组对象的原始值。

5.8.3　数学类(Math)

数学类并不像时间类和数组类那样,需要用关键字 new 来创建对象。因为它用得太广泛了,只需要把它作为对象使用就可以调用其所有属性和方法。

(1) 数学求整

向上取整: Math.ceil(x),对数值 x 取离它最近的较大的整数。如对 4.3,则得到 5。

向下取整: Math.floor(x),对数值 x 取离它最近的较小的整数。如对 4.3,则得到 4。

四舍五入: Math.round(x),对数值 x 取离它最近的那个整数。如对 4.3,则得到 4。而对 4.6 则得到 5。

案例操作

对数据进行取整运算。

源代码如下:

```
<script>
let num = 123.5;
alert(Math.ceil(num));          //124
alert(Math.floor(num));         //123
alert(Math.round(num));         //124
</script>
```

---

(2) 随机数 Math.random()

Math.random() 方法可返回 0~1 的一个随机小数。

案例操作一

得到一个随机小数。

源代码如下:

```
<script>
let num = Math.random();
alert(num);          //类似 0.4613031949185212 的一个小数
</script>
```

案例操作二

得到一个随机整数。

源代码如下:

```
<script>
let num = Math.round(Math.random() * 100);
alert(num);                    //得到一个 0~100 的随机整数
```

var num2 = Math.round(Math.random( ) * 50)+50;

alert(num2) ;   ∥得到一个 50~100 的随机整数

</script>

(3) Math 类中的其他方法

Math 类的其他方法见表 5.11。

表 5.11 Math 中其他的方法

属性	描述
abs(x)	返回数的绝对值。
acos(x)	返回数的反余弦值。
asin(x)	返回数的反正弦值。
atan(x)	以介于−π/2 与 π/2 弧度之间的数值来返回 x 的反正切值。
atan2(y,x)	返回从 x 轴到点(x,y)的角度(介于−π/2 与 π/2 弧度之间)。
cos(x)	返回数的余弦。
exp(x)	返回 e 的指数。
log(x)	返回数的自然对数(底为 e)。
max(x,y)	返回 x 和 y 中的最高值。
min(x,y)	返回 x 和 y 中的最低值。
pow(x,y)	返回 x 的 y 次幂。
sin(x)	返回数的正弦。
sqrt(x)	返回数的平方根。
tan(x)	返回角的正切。
toSource( )	返回该对象的源代码。
valueOf( )	返回 Math 对象的原始值。

5.8.4 窗口类(Window)

Window 对象表示浏览器中打开的窗口。

(1) 窗口 location 对象

Location 对象主要包含了窗口地址信息,可以通过 window.loaction 来访问,loaction 中的属性见表 5.12。

表 5.12　Location 中的属性

属性	描述
hash	设置或返回从井号（#）开始的 URL(锚)。
host	设置或返回主机名和当前 URL 的端口号。
hostname	设置或返回当前 URL 的主机名。
href	设置或返回完整的 URL。
pathname	设置或返回当前 URL 的路径部分。
port	设置或返回当前 URL 的端口号。
protocol	设置或返回当前 URL 的协议。
search	设置或返回从问号（?）开始的 URL(查询部分)。

案例操作一

改变页面地址。

源代码如下：

```
<input type="button" value="点击我跳转页面"  id="myBtn">
<script>
    function  gotoWeb(url){
        window.location.href = url;
    }
    document.getElementById("myBtn").onclick=function(){
        gotoWeb("http://www.cqgcxy.com");
        }
</script>
```

案例操作二

获取页面通过 get 方式传递的参数值。假定页面的地址是：index.html？name=John&age=20

源代码如下：

```
<script>
    let  args = window.location.search;        // 得到 ? name = John&age = 20
    args = args.substr(1);                      // 得到 name = John&age = 20
```

```
let   myobj = {};//创建一个对象
let   arr = args.split("&");//分割字符串 args,得到数组:name=张三,age=20
for(let   i=0;i<arr.length;i++){
    let   arr_sub = arr[i].split("=");    //得到小数组,如:name, 张三
    myobj[arr_sub[0]]=arr_sub[1];        //把小数组内容存入 myobj 对象中。
}
alert(myobj.name);                        //可以对象的方式访问参数
</script>
```

(2) 窗口 history 对象

History 对象包含用户(在浏览器窗口中)访问过的 URL,通过 window.history 属性对其进行访问,history 的方法见表 5.13。

表 5.13　history 中的方法

属性	描述
back()	加载 history 列表中的前一个 URL。
forward()	加载 history 列表中的下一个 URL。
go()	加载 history 列表中的某个具体页面。

案例操作

假设浏览器当前窗口已经访问了多个页面,具有了历史页面记录。利用 input 按钮实现浏览器回退页面和前进页面,访问历史页面的功能:

源代码如下:

```
<input type="button" value="回退"   id="back">
<input type="button" value="前进"   id="forward">
<script>
    document.getElementById("back").onclick=function(){
        window.history.back();
    }
    document.getElementById("forward").onclick=function(){
        window.history.forward();
    }
</script>
```

5.8.5　正则表达式类(RegExp)

正则表达式(Regular Expression)是使用文字模式来描述、检测一系列符合某个句法规则的字符串。可以说正则表达式,是一种规则。

创建正则表达式:

let　reg=new RegExp("规则");

也可以:

let　reg = /规则/;

例如:

let　re = /a/;

定义了一个简单的规则"字符串有没有小写字母 a"。

(1)正则检测字符串

正则表达式检测字符串是否符合"规则",主要使用 test()方法。其语法格式如下:

正则.test(字符串)

如果字符串符合正则的要求,则返回 true,否则为 false。

案例操作

利用正则表达式检测字符是否符合"规则"。

源代码如下:

```
<script>
    let　re = /a/;　// 定义正则表达式
    let　str1 = "adbc";
    let　str2 = "Adbc";
    let　str3 = "cdsd";
    re.test(str1);　// true
    re.test(str2);　// false。只有大写的 A
    re.test(str3);　// false
</script>
```

(2)正则表达式修饰符

正则表达式可以使用修饰符,扩展规则要求。主要的修饰符见表5.14。

表 5.14　正则表达式的修饰符

修饰符	描述
i	Ignore,忽略大小写。
g	Global,执行全局匹配(查找所有匹配而非在找到第一个匹配后停止)。
m	Multiline,执行多行匹配。

案例操作

利用正则表达式检测字符是否符合"规则"。

源代码如下:

```
<script>
    let    re  =   /a/i；  // 定义正则表达式,忽略大小写
    let    str1  =  "adbc"；
    let    str2  =  "Adbc"；
    re.test(str1)；  // true
    re.test(str2)；  // true,有大写的 A。
</script>
```

(3) 正则表达式的规则

正则表达式的规则很多,正则表达式的常用规则见表 5.15。

表 5.15　正则表达式的常用规则

规则	含义
/x|y/	匹配'x'或者'y'。如 abc|bcd 匹配字符串"abc"或者"bcd"。
/[A-Z]/	将会与从 A 到 Z 范围内任何一个大写字母相匹配。
/[a-z]/	将会与从 a 到 z 范围内任何一个小写字母相匹配。
/[0-9]/	将会与从 0 到 9 范围内任何一个数字相匹配。
^	定位符规定匹配模式必须出现在目标字符串的开头。
$	定位符规定匹配模式必须出现在目标对象的结尾。
.	(小数点)匹配除换行符外的所有单个的字符。字母,数字,标点,空格等。
{n}	这里的 n 是一个正整数。匹配前面的 n 个字符。
{n,}	这里的 n 是一个正整数。匹配至少 n 个前面的字符。

续表

规则	含义
{n,m}	这里的 n 和 m 都是正整数。匹配至少 n 个最多 m 个前面的字符。
*	匹配 * 号前面任意个字符(包括 0 个字符),等价于{0,}。
+	匹配 + 号前面的字符 1 次或 n 次。等价于{1,}。
?	匹配 ? 前面的字符 0 次或 1 次,即可有可无。等价于{0,1}。
\s	用于匹配单个空格符,包括 tab 键和换行符。
\S	用于匹配除单个空格符之外的所有字符。
\d	用于匹配从 0 到 9 的数字。
\w	用于匹配字母,数字或下划线字符。
\W	用于匹配所有与 \w 不匹配的字符。
\b	定位符规定匹配模式必须出现在目标字符串的开头或结尾的两个边界之一。
\B	定位符则规定匹配对象必须位于目标字符串的开头和结尾两个边界之内,即匹配对象既不能作为目标字符串的开头,也不能作为目标字符串的结尾。

正则表达式的规则运用示例如下:

/fo+/正则表达式中包含"+"元字符,表示可以与目标对象中的"fool","fo",或者"football"等在字母 f 后面连续出现一个或多个字母 o 的字符串相匹配。

/eg*/正则表达式中包含"*"元字符,表示可以与目标对象中的"easy","ego",或者"egg"等在字母 e 后面连续出现零个或多个字母 g 的字符串相匹配。

/Wil?/正则表达式中包含"?"元字符,表示可以与目标对象中的"Win",或者"Wilson",等在字母 i 后面连续出现零个或一个字母 l 的字符串相匹配。

JavaScript 中常用的正则表达式如下:

整数或者小数:^[0-9]+\.{0,1}[0-9]{0,2}$

只能输入数字:"^[0-9]*$"。

只能输入 n 位的数字:"^\d{n}$"。

只能输入至少 n 位的数字:"^\d{n,}$"。

只能输入 m~n 位的数字:。"^\d{m,n}$"

只能输入零和非零开头的数字:"^(0|[1-9][0-9]*)$"。

只能输入有两位小数的正实数:"^[0-9]+(.[0-9]{2})?$"。

只能输入有 1~3 位小数的正实数:"^[0-9]+(.[0-9]{1,3})?$"。

只能输入非零的正整数:"^\+?[1-9][0-9]*$"。

只能输入非零的负整数:"^\-[1-9][]0-9"*$。

只能输入长度为 3 的字符:"^.{3}$"。

只能输入由 26 个英文字母组成的字符串:"^[A-Za-z]+$"。

只能输入由 26 个大写英文字母组成的字符串:"^[A-Z]+$"。

只能输入由 26 个小写英文字母组成的字符串:"^[a-z]+$"。

只能输入由数字和 26 个英文字母组成的字符串:"^[A-Za-z0-9]+$"。

只能输入由数字、26 个英文字母或者下划线组成的字符串:"^\w+$"。

验证用户密码:"^[a-zA-Z]\w{5,17}$"正确格式为:以字母开头,长度在 6~18 之间,只能包含字符、数字和下划线。

验证是否含有^%&',;=?$\"等字符:"[^%&',;=?$\x22]+"。

只能输入汉字:"^[\u4e00-\u9fa5]{0,}$"

验证 Email 地址:"^\w+([-+.]\w+)*@\w+([-.]\w+)*\.\w+([-.]\w+)*$"。

验证 InternetURL:"^http://([\w-]+\.)+[\w-]+(/[\w-./?%&=]*)?$"。

验证电话号码:"^(\(\d{3,4}-)|\d{3.4}-)?\d{7,8}$"正确格式为:"XXX-XXXXXXX" "XXXX-XXXXXXXX" "XXX-XXXXXXX" "XXX-XXXXXXXX" "XXXXXXX"和"XXXXXXXX"。

验证身份证号(15 位或 18 位数字):"^\d{15}|\d{18}$"。

验证一年的 12 个月:"^(0?[1-9]|1[0-2])$"正确格式为:"01"~"09"和"1"~"12"。

验证一个月的 31 天:"^((0?[1-9])|((1|2)[0-9])|30|31)$"正确格式为;"01"~"09"和"1"~"31"。

匹配中文字符的正则表达式: [\u4e00-\u9fa5]。

匹配双字节字符(包括汉字在内):[^\x00-\xff]。

5.8.6　对象类(Object)

Object 对象,是所有 JavaScript 对象的超类(基类,基础类)。Date,Array,String,RegExp 等都是 Object 的子类。

```
let   myTime = new Date();
let   arr = [0,1,2,3];
let   str = new String("ss");
let   str2 = "sss";
let   re = /abc/;
console.info(typeof myTime);      // object
console.info(typeof arr);         // object
console.info(typeof str);         // object
console.info(typeof str2);        // string
console.info(typeof re);          // object
```

Object 对象是 JavaScript 中用得非常多的一个类。同样是用来存储数据,和数组 Array 相比,Object 可以让数据语义化,更富有意义。

创建一个 Object 对象的方式有两种：

```
let student = new Object( );
student.name ="张三";
student.age = 22 ;
```

或者：

```
let student = {
    name："张三",
    age：22
}
```

使用大括号{}创建对象的时候,使用冒号(:)把属性名和属性值分开。多个属性之间用逗号(,)分开。但是最后一个属性后面不能有逗号。属性名也字符串表示,如：

```
let student = {
    "name"："张三",
    "age"：22
}
```

案例操作

创建一个对象并访问它的属性。

源代码如下：

```
<script>
let student = {
    "name":"张三",
    "age":20
}
let s_name = "name";
alert( student.name );              //张三。点语法访问
alert( student[ "name" ] );         //张三。[ ]号访问
alert( student[ s_name ] );         //张三。[ ]号里面是变
</script>
```

从结果上看,使用点语法访问属性和使用中括号[ ]访问属性是一样的。使用中括号[ ]访问属性的好处就是可以使用变量来访问属性。除非必须使用变量来访问属性,我们一般都推荐使用点语法。

(1)对象的遍历

因为对象的属性没有索引顺序,因此使用 for 循环遍历对象是不适宜的,一般使用 for-in 来遍历对象属性。

案例操作

创建一个对象并遍历它的属性。

源代码如下:

```
<script>
let student = {
    "name":"张三",
    "age":20
}
for( var key in student) {            //利用变量 key 循环遍历对象 student
    alert( key) ;                     //依次得到属性名:name,age
    alert( student[ key]) ;           // 依次得到属性值:张三,20
}
</script>
```

思考题

　　for-in 可以遍历数组吗?

当然可以。

```
let myfriends = [ "张三","李四","John"];
for( var i in myfriends) {
        alert( i) ;                   //依次得到:0、1、2
        alert( myfriends[ i]) ;       // 依次得到:张三、李四、John
}
```

(2)对象的方法

Object 对象还可以创建属于它的方法。

案例操作

创建一个对象,并给它创建一个方法。

源代码如下:

```
<script>
let student = {
    "name":"张三",
    "age":20,
```

```
    "run" :function( ) {
        alert("I can run" );
    }
}
student.run( );
</script>
```

（3）对象属性/方法的删除

对象的属性、方法可以使用 delete 操作符删除。

案例操作

删除对象的一个属性。

源代码如下：

```
<script>
let student = {
    "name" :"张三",
    "age" :20,
    "run" :function( ) {
        alert("I can run" );
    }
}
delete student.age;
delete student.run;
alert( student.age) ;                    //undefined
student.run( );                          //报错:student.run is not a function
</script>
```

对于无用的对象属性和方法及时删除，可以释放内存，减少资源消耗。

（4）对象的原型 **prototype**

Object.prototype(Object 的原型)定义了 JavaScript 对象的基本方法和属性。Object 通过 prototype 添加的属性和方法,所有的对象都能使用。

案例操作一

利用原型 prototype 给 Object 添加一个方法。

源代码如下：

```
<script>
    Object.prototype.sayHello = function( ){
        console.info( "Hello,world" );

    };
    let   myTime = new Date( );
    myTime.sayHello( );              // 任何对象都能使用这个方法
</script>
```

一般，我们会使用 prototype 扩展对象的功能。

实际上，当我们用 obj.xxx 访问一个对象的属性/方法时，JavaScript 引擎先在当前对象（如上面代码中的 myTime）上查找该属性。

如果没有找到，就到其原型对象（如上面代码的 Date）上找。

如果还没有找到，就一直上溯到 Object.prototype 对象，最后，如果还没有找到，就只能返回 undefined。

这种查找对象属性/方法的过程就叫"原型链"。

（5）对象的合并 Object.assign(target,source1,source2,…)

Object 的 assign 方法可以将源对象 source 的所有可枚举属性合并到目标对象 target 上，此方法只拷贝源对象的自身属性，不拷贝继承的属性。

案例操作二

合并两个对象。

源代码如下：

```
<script>
    let first = {name: 'kong'};
    let last = {
        name:"John",
        age: 18
    };
    let person = Object.assign( first, last );
```

```
        console.info(person);   //{name:'John', age:18}
</script>
```

> **拓展知识点——JSON**
>
> 　　JSON(JavaScript Object Notation, JS object 对象符号)是现代不同设备之间,不同程序之间传递数据的一种基本格式。本质上,它就是一个 Object 形式的字符串。
>
> 　　let　obj = {a:'Hello', b:'World'};
>
> 　　这是一个对象,注意键名也是可以使用引号包裹的。
>
> 　　let JSONstr = '{"a":"Hello", "b":"World"}';
>
> 　　这是一个 JSON 字符串,本质是一个字符串。
>
> 　　要把 JSON 形式的字符串转为 Object 对象,常用的方法有两个:
>
> 　　JSON.parse(JSONstr)
>
> 　　eval("(" + JSONstr　+ ")")

5.8.7　函数对象(Function)

JavaScript 函数实际上是功能完整的对象。因此,可以通过函数 new 一个对象出来。这样,函数就相当于其他语言中的类的概念。如:

```
    let   Person = function(){
      console.info("这个是个函数");
    };
    let p1 = new Person();   // 这个是个函数
```

Person 是个函数,但是也可以 new 一个对象出来。因此,它就相当于一个"类"。Person 函数本身就相当于一个构造函数。在 new 创造一个对象的时候,就会执行一次构造函数。

案例操作

创建一个自定义类,并且赋予它属性和方法。

源代码如下:

```
<script>
    let   Person = function(name,age){   // 创建一个类
        this.name = name;   // 创建对象属性
        this.age = age;
    };
    Person.prototype.sayHello = function(){   // 创建对象方法
```

```
        let   _this = this; // 推荐这么做,防止 this 乱指。this 表示当前对象
        console.info( "Hello,I am " + _this.name) ;
    };
    let p1 = new Person( ) ;
    let p2 = new Person( "Tony Stark" ) ;
    p1.sayHello( ) ;    //   Hello,I am undefine
    p2.sayHello( ) ;    //   Hello,I am Tony Stark
</script>
```

第6章 习题与项目拓展

6.1 第一章习题与项目拓展

习题

(一)选择题

1.用户体验的灵魂(　　)。

    A.「用户」、「环境」和「主观感受」

    B.「用户」、「过程中」和「客观感受」

    C.「中心」、「过程中」和「主观感受」

    D.「中心」、「环节」和「主观感受」

2.人机交互界面设计基本流程(　　)。

    A.需求阶段、分析设计阶段、调研验证阶段、方案改进阶段、用户验证阶段

    B.咨询阶段、分析设计阶段、调研验证阶段、方案测试阶段、用户验证阶段

    C.需求阶段、策划阶段、设计阶段、方案改进阶段、用户验证阶段

    D.咨询阶段、分析设计阶段、自我检测阶段、方案改进阶段、自我验证阶段

3.用户体验"五个层面要素"(　　)。

    A.战略层、分析层、验证层、框架层、表现层

    B.需求阶段、分析阶段、验证阶段、设计阶段、展示阶段

    C.分析层、范围层、结构层、构建层、表现层

    D.战略层、理解层、结构层、验证层、表现层

(二)简答题

1.简述网站开发流程,并绘制流程图。

2.根据网站项目标准,以"某某红色旅游网站"为题,编写网站策划书。

(目标参考:域名选择、空间选择、网站主题定位、网站视觉风格策划、网站栏目策划、网

站布局策划、网站功能与开发策划、网站推广策划、网站效果与分析策划、网站开发计划）

6.2　第二章习题与项目拓展

习题

(一) 选择题

1.在网页界面中,视觉流程有哪几种(　　　)。(多选题)

    A.单向视觉流程

    B.曲线视觉流程

    C.导向视觉流程

    D.重心视觉流程

    E.反复视觉流程

    F.散点视觉流程

2.网页中,常用的静态图像格式不包括(　　　)。

    A.png　　　　　　B.gif　　　　　　C.jpg　　　　　　　D.tiff

3.在 Photoshop 软件中,打开"图像大小"功能的快捷键是(　　　)。

    A.ctrl+A　　　　B.shift+ctrl+f　　　C.shift+ctrl+i　　　D.shift+alt+i

4.在 Photoshop 软件中,编辑 ALPHA 通道的方法是(　　　)。

    A 在快速蒙版上绘画

    B 在黑、白或灰色的 ALPHA 通道上绘画

    C.在图层上绘画

    D.在路径上绘画

(二) 简答题

1.简述图层的分类及其特点。

2.简述通道的分类及其作用。

3.简述 Photoshop 中的图像模式分类及其特点。

项目拓展

(一) 实作题

1.参考效果图,完成 Banner 设计图。

2.参考效果图,完成导航设计图。

首页　征集　保管　研究　展览　社教　文创　服务　学习　视频

6.3　第三章习题与项目拓展

习题

(一)选择题

1.HTML 中文含义是(　　)。

　A.超文本模块语言　　　　　　　　　B.超文本模型语言

　C.超文本图像语言　　　　　　　　　D.超文本标记语言

2.下面哪项是段落标签?(　　)

　A.<div></div>　　　B.<a></a>　　　　C.<p></p>　　　　D.<pre></pre>

3.Dreamweaver 是一款极为优秀的可视化网页设计制作工具和网站管理工具。它具有以下哪些优点(　　)。

　A. 网站管理便捷、制作效率高、控制能力强

　B.性能强、简单、易操作

　C.内容丰富、创造性好、重点突出

　D.可以制作网页并将其发布

4.下面有关 HTML 叙述错误的是 (　　)。

　A.一个 HTML 文件可以用记事本来编辑。

　B.HTML 文件的运行,不需要安装服务器。

　C.一个 HTML 文件必须是一个以 htm 或 html 为扩展名的文件。

D.HTML 区分大小写,如<b>写成<B>是错误的。

5.(　　)不是组成表格的最基本元素。

    A.行　　　　　　　　B.列　　　　　　　　C.边框　　　　　　　　D.单元格

6.HTML 中表示定义列表的标签是(　　　)

    A.ol　　　　　　　　B.dl　　　　　　　　C.ul　　　　　　　　D.li

(二)简答题

1.HTML 与 HTML5 的区别?

2.怎样让链接没有下划线?

3.表单是实现动态交互式的可视化界面,在表单开始标记中一般包含哪些属性,其含义分别是什么?

4.简述以下一段 HTML 代码中各对标记的作用

<html>

<head>

<title>网页设计</title>

</head>

<h2>北国风光</h2>

</body>

</html>

项目拓展

(一)实作题

1.参考效果图,完成导航制作,并制作鼠标移上去时的效果。

说明:在软件中新建 HTML 文档,保存到"练习"文件夹中,文件名为 nav.html。

2.参考效果图,完成列表制作,并制作鼠标移上去时的效果。

说明:在软件中新建 HTML 文档,保存到"练习"文件夹中,文件名为 news.html。

6.4　第四章习题与项目拓展

习题

(一)选择题

1.下列哪个 css 属性能够设置盒模型的内边距为 5px 、10px 、10px 、10px?

　　A.padding:5px;

　　B.padding:5px　10px　10px;

　　C.padding:5px　10px;

　　D.padding:10px　10px　10px　5px;

2.如何显示没有下划线的超链接?

　　A.a {text-decoration:none}

　　B.a {text-decoration:no underline}

　　C.a {underline:none}

　　D.a {decoration:no underline}

3.如何使用 CSS3 创建圆角?

　　A.border[round]:30px;

　　B.corner-effect：round;

　　C.border-radius：30px;

　　D.alpha-effect：round-corner;

4.如何给 CSS3 中的元素添加阴影?

　　A.box-shadow：8px 8px 6px grey;

　　B.shadow-right：10px shadow-bottom：8px;

　　C.shadow-color：grey;

　　D.alpha-effect[shadow]：8px 8px 6px grey;

5.如何使用 CSS3 调整背景图像的大小?

　　A.background-size：50px 40px;

　　B.bg-dimensions：50px 40px;

　　C.background-proportion：50px 40px;

　　D.alpha-effect：bg-resize 50px 40px;

(二)简单题

1.请解释 CSS3 的 flexbox (弹性盒布局模型),以及适用场景?

2.CSS 里的 visibility 属性有个 collapse 属性值? 在不同浏览器下以后什么区别?

3.为什么会出现浮动和什么时候需要清除浮动? 清除浮动的方式?

4.什么是响应式设计？响应式设计的基本原理是什么？

5．∷before 和 ∶after 中双冒号和单冒号有什么区别？并解释二者的作用。

项目拓展

（一）实作题

1.用 CSS3 实现选项卡功能。

原理：每一个选项后紧跟着内容标签，用"+"选择器来绑定选项和内容，当选中某一个时，对应的内容 display∶inline- block 展现出来。

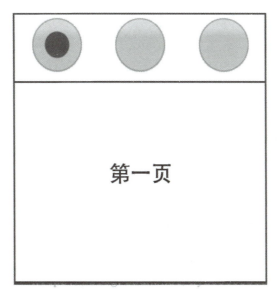

2.参考效果图，完成 3D 效果的旋转木马。

（五块旋转面的文字分别为"我爱你中国"）

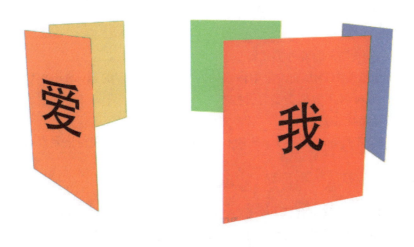

6.5　第五章习题与项目拓展

习题

(一)选择题(多选)

1.关于 JavaScript 事件说法不正确的是(　　)。

　　A.事件由事件函数 事件源 事件对象组成

　　B.当前事件作用在哪个标签上,哪个标签就是事件源

　　C.onclick 就是一个事件对象

　　D.图片切换使用 JavaScript 的 change 事件

2.在 jquery 中 addClass(　　)可以增加多个样式,各个样式间用:隔开。

　　A.对　　　　　　　　　　　　　　B.错

3.下面哪些是 JavaScript 中 document 的方法? (　　)

　　A.getElementById

　　B.getElementsById

　　C.getElementsByTagName

　　D.getElementsByName

　　E.getElementsByClassName

4.setTimeout("buy()",10)表示的意思(　　)。

　　A.间隔 10 s 后,buy()函数被调用一次

　　B.间隔 10 min 后,buy()函数被调用一次

　　C.间隔 10 ms 后,buy()函数被调用一次

　　D.buy()函数被持续调用 10 次

(二)简单题

1.JavaScript 操作 CSS 的两种方式?

2.请写出用于校验 HTML 文本框中输入的内容全部为数字的 JavaScript 代码?

3.举例 JavaScript 常用数据类型有哪些?

4.DOM 和 BOM 及其关系?

5.某个元素的 id 是 one,那么 JavaScript 中通过什么方法可以获得该元素对应的对象?

项目拓展

1.使用两种方式(内部 js 代码和外部.js 文件)使网页弹出提示"hello world!"。

2.编写一个 while 循环,显示数字:10987654321。把数字放到 HTML 表格单元中。

3.某发货单需要在 60 天之内交付并付款。请编写函数显示交付截至日期。

参考文献

［1］李红,崔连和.网页设计与制作［D］.南京:东南大学出版社,2011.

［2］赵旭霞.网页设计与制作［D］.北京:清华大学出版社,2013.

［3］赵志敏,任广明.网页设计与制作基础［D］.北京:国防工业出版社,2010.

［4］王晖,等.网页设计与制作基础［D］.大连:东软电子出版社,2012.

［5］时炳艳.网页设计与制作基础教程［D］.北京:北京邮电大学出版社,2009.

［6］弗兰纳根.JavaScript权威指南.北京:机械工业出版社,2012.

教材相关微视频二维码

序号	名称	二维码图形	序号	名称	二维码图形
1	用户体验		9	photoshop 网页界面设计	
2	人机交互界面艺术设计要素		10	photoshop 网页中的运用	
3	用户体验案例		11	HTML5 基础文本标签	
4	人机交互界面设计流程		12	HTML 元素及标签	
5	人机交互界面艺术设计		13	CSS3 的背景属性	
6	人机交互界面设计要素		14	CSS3 的文本属性	
7	人机交互界面艺术设计原则		15	CSS 的选择器及声明	
8	网页的界面设计		16	CSS 的引用	

序号	名称	二维码图形	序号	名称	二维码图形
17	网页中的图片		25	列表及列表样式	
18	CSS3 中的过渡动画		26	定位	
19	轮播图制作		27	二级导航	
20	表格基本操作		28	浮动	
21	HTML5 中的表单		29	响应式布局	
22	实例登录页面		30	响应式布局简单应用	
23	盒子模型		31	JavaScript 概述	
24	块元素与行内元素		32	变量与常量	

序号	名称	二维码图形	序号	名称	二维码图形
33	基本语法规则与数据类型		41	时间类	
34	运算符		42	事件	
35	流程控制		43	事件对象	
36	函数的定义和调用		44	数学对象	
37	函数的形参,实参和参数对象		45	数组类	
38	DOM 基础		46	页面特效的本质	
39	基本语法规则与数据类型		47	正则表达式	
40	计时器		48	字符串	